张志龙 编著

Tableau Desktop

可视化高级应用

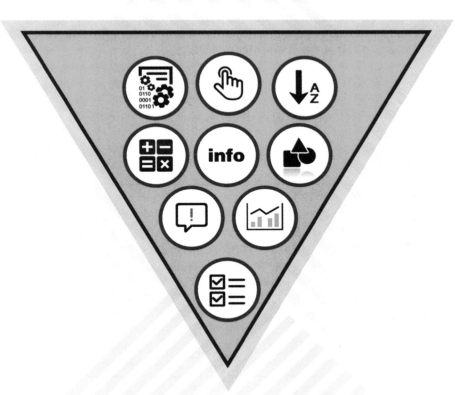

人民邮电出版社

北京

图书在版编目（CIP）数据

Tableau Desktop可视化高级应用 / 张志龙编著. --
北京 ： 人民邮电出版社，2019.4
ISBN 978-7-115-50762-4

Ⅰ．①T… Ⅱ．①张… Ⅲ．①可视化软件 Ⅳ.
①TP31

中国版本图书馆CIP数据核字(2019)第022424号

内 容 提 要

本书主要介绍 Tableau Desktop 的应用，全书内容共有 5 章。第 1 章介绍了 Tableau 平台的价值与功能和它所能完成的企业数据重任；第 2 章介绍了一些复杂图形，配合详细的数据结构和实现步骤，帮助用户扩展日常分析时所使用的图表池；第 3 章是对 Tableau Desktop 功能点的深入应用集合，配合具体实例和应用场景讲解；第 4 章主要针对数据可视化的设计和实现进行了详细的介绍，附带案例展示；第 5 章帮助用户发散思维，解锁 Tableau Desktop 的多种用途。

本书旨在帮助读者更加深入地了解 Tableau 在可视化探索分析以及设计布局方面的应用，适合那些已经使用过 Tableau 平台一两年的用户，如相关的企业用户、数据分析师和数据爱好者。此外，考虑到还有很多刚开始接触 Tableau 的读者，本书的所有内容都尽可能通俗易懂，确保新手也能够理解 Tableau 的相应功能点，并能掌握每个复杂应用的具体实现方式。

◆ 编　　著　张志龙
　　责任编辑　王峰松
　　责任印制　焦志炜

◆ 人民邮电出版社出版发行　　北京市丰台区成寿寺路 11 号
　　邮编　100164　电子邮件　315@ptpress.com.cn
　　网址　http://www.ptpress.com.cn
　　北京捷迅佳彩印刷有限公司印刷

◆ 开本：787×1092　1/16
　　印张：18
　　字数：482 千字　　　　　　　　2019 年 4 月第 1 版
　　印数：1 – 2 500 册　　　　　　　2019 年 4 月北京第 1 次印刷

定价：89.00 元

读者服务热线：(010)81055410　印装质量热线：(010)81055316
反盗版热线：(010)81055315
广告经营许可证：京东工商广登字 20170147 号

前　言

目前市面上有不少关于 Tableau 的书籍、文档和视频资料，但我们很难找到一本专门针对可视化分析软件 Tableau Desktop 的功能、用途以及价值方面深入探讨的书籍。这也使得很多使用过 Tableau 产品一段时间的企业和个人对该产品的定位和应用价值产生了误解，他们可能会认为 Tableau 产品功能太过简单和存在局限性，能为企业或者用户带来的实际价值很有限。为了帮助更多使用 Tableau 的企业和个人更好、更有效地使用该工具，作者在结合自身十几年积累的可视化方面的经验以及在入行几年时间里对于 Tableau Desktop 软件深入研究所得成果的基础上，在工作之余编写了此书。虽然本书是关于 Tableau Desktop 的高阶应用，但考虑到还有很多刚入门或者对 Tableau 产品有兴趣的读者，于是在编写此书的过程中特意加入了一些关于软件的基础介绍，并且细化了相关软件功能的操作步骤，希望能在最大程度上帮助初学者掌握书中的方法和技巧。本书共分为 5 章，每一章开头都有相应的配图和文字来告诉读者本章想要传达的信息。虽然本书主要是针对 Tableau 的产品，但其中所蕴含的方法、思想和对于可视化方面的设计却是无关乎某一个特定的工具而普遍适用于整个数据分析过程的。

第 1 章主要是围绕 Tableau 平台的特性、旗下每款产品的功能、产品之间相互组合所能发挥出的作用、Tableau 平台的未来发展方向进行介绍，着重介绍目前本地端用于自助可视化分析探索的产品 Tableau Desktop 的入门基础。其中对于企业为什么选用 Tableau 平台也给出了作者的见解，可供企业的采购人员在选择商业智能（Business Intelligence，BI）工具时提供参考。此外作者也通过多次尝试最终用拓扑图的思想将 Tableau 产品相互组合所能发挥出的平台的优势和功能特性比较清晰地展示出来，方便读者理清 Tableau 平台到底能完成什么样的企业数据重任。

第 2 章主要介绍了一些 Tableau 中非内置但比较有实际应用价值的图表。其中每一张图表都配置了具体的分析作用、适用的行业领域及场景、制作该种图表的数据结构、图表的详细制作步骤等。一些图表也为读者列举出了几种不同的做法和相互之间的对比，保证读者能够跟随本书的步骤做出相应的图表。本章核心的内容是扩展读者日常分析数据时所使用的图表种类以及提醒读者们在制作图表的过程中，需要注意图表的复杂度、扩展性和实用性等方面的问题。

第 3 章围绕 Tableau Desktop 中常用但许多使用该工具的用户并不知道的功能进行了详细的分类介绍和汇总，包括数据访问过程中遇到的问题和相应的解决办法、复杂计算的计算逻辑和应用场景、软件筛选操作顺序的介绍和应用以及双轴、参数等功能的介绍和应用示例汇总，帮助读者更加熟悉并掌握自己手中的工具。

第 4 章主要介绍如何将可视化分析内容做得更加生动，更富有视觉冲击力等，包括可视化字体的设置、色彩的搭配、图表的选用及可视化仪表板的设计等方面，并随书展示了一些作者过去制作的可视化分析示例供读者参考。

第 5 章介绍作者使用 Tableau 的过程中，在业余时间开发的一些新用法。这些应用方式有的对于读者的工作或生活有实际帮助，有的看似与软件所强调的可视化分析等功能无关，但实际上充分利用了产品的功能特性和作为数据分析师应当具备的基础素养。与此同时本章还包含了作者对未来办公软件能够减少种类、扩展用途的期许。

本书的适用对象十分广泛，包括已经使用或者准备采购 Tableau 的企业和个人、热衷研究不同 BI 产品的组织或专家、教授或学习数据可视化分析的师生群体以及基于产品功能点和平台特性深入研究的商业智能软件开发商等。

本书能够编写完成，要感谢诸多朋友的支持，特别是作者入行以来在对软件的使用、了解和创新过程中给予帮助的企业、领导、同事和家人。此外要特别感谢人民邮电出版社编辑王峰松，感谢他在本书出版过程中所给予的信任和鼓励。感谢同样在大数据领域工作的胡雕先生，感谢他在本书部分内容的编写过程中提供的帮助。

由于时间仓促，书中难免出现不足之处，望广大读者批评指正，作者电子邮箱地址：347175499@qq.com。

最后希望本书能给读者们的工作和生活带来一些帮助，在这里也衷心地祝愿各位热爱数据的读者们能够"数据用时手到擒来，制作可视化时胸有成竹"！

资源与支持

本书由异步社区出品，社区（https://www.epubit.com/）为您提供相关资源和后续服务。

配套资源

本书提供如下资源：

- 配套数据文件及效果视频；
- 书中彩图文件。

要获得以上配套资源，请在异步社区本书页面中点击 配套资源 ，跳转到下载界面，按提示进行操作即可。注意：为保证购书读者的权益，该操作会给出相关提示，要求输入提取码进行验证。

如果您是教师，希望获得教学配套资源，请在社区本书页面中直接联系本书的责任编辑。

提交勘误

作者和编辑尽最大努力来确保书中内容的准确性，但难免会存在疏漏。欢迎您将发现的问题反馈给我们，帮助我们提升图书的质量。

当您发现错误时，请登录异步社区，按书名搜索，进入本书页面，点击"提交勘误"，输入勘误信息，点击"提交"按钮即可。本书的作者和编辑会对您提交的勘误进行审核，确认并接受后，您将获赠异步社区的 100 积分。积分可用于在异步社区兑换优惠券、样书或奖品。

扫码关注本书

扫描下方二维码，您将会在异步社区微信服务号中看到本书信息及相关的服务提示。

与我们联系

我们的联系邮箱是 contact@epubit.com.cn。

如果您对本书有任何疑问或建议，请您发邮件给我们，并请在邮件标题中注明本书书名，以便我们更高效地做出反馈。

如果您有兴趣出版图书、录制教学视频，或者参与图书翻译、技术审校等工作，可以发邮件给我们；有意出版图书的作者也可以到异步社区在线提交投稿（直接访问 www.epubit.com/selfpublish/submission 即可）。

如果您是学校、培训机构或企业，想批量购买本书或异步社区出版的其他图书，也可以发邮件给我们。

如果您在网上发现有针对异步社区出品图书的各种形式的盗版行为，包括对图书全部或部分内容的非授权传播，请您将怀疑有侵权行为的链接发邮件给我们。您的这一举动是对作者权益的保护，也是我们持续为您提供有价值的内容的动力之源。

关于异步社区和异步图书

"异步社区"是人民邮电出版社旗下 IT 专业图书社区，致力于出版精品 IT 技术图书和相关学习产品，为作译者提供优质出版服务。异步社区创办于 2015 年 8 月，提供大量精品 IT 技术图书和电子书，以及高品质技术文章和视频课程。更多详情请访问异步社区官网 https://www.epubit.com。

"异步图书"是由异步社区编辑团队策划出版的精品 IT 专业图书的品牌，依托于人民邮电出版社近 30 年的计算机图书出版积累和专业编辑团队，相关图书在封面上印有异步图书的 LOGO。异步图书的出版领域包括软件开发、大数据、人工智能、测试、前端、网络技术等。

异步社区

微信服务号

目　录

第1章 Tableau 是什么

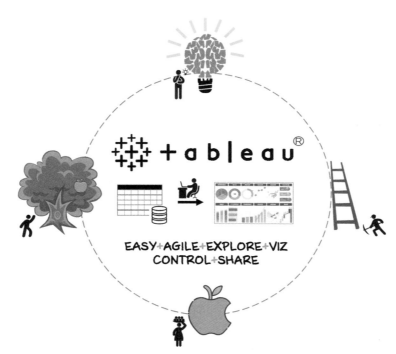

"工欲善其事,必先利其器"。就像人们为了摘到更高树枝上的苹果而使用梯子一样,人们为了实现具体的目标发明创造了合适的工具,再借助工具更加高效、便捷地完成目标。敏捷的商业智能(BI)产品 Tableau 的诞生也是如此,它是为了帮助用户更加快速、简单地查看并理解数据,通过"无所不能"的可视化探索将数据转化成可以付诸行动的见解。

1.1 企业为什么选择Tableau

通常企业选择一款产品需要综合考虑的因素有很多,包括产品的市场地位、功能特性、成本、商业价值、推广落地、售后服务和未来计划等。

1. 市场地位

截至 2018 年,Tableau 已经连续 6 年在 Gartner 分析和商业智能魔力象限中被评为"领导者"

（LEADERS），如图 1-1 所示。

图1-1   分析商业智能平台的魔力象限

Gartner 象限的领导者是能够充分了解产品能力和对当前市场中买家需求给出成功承诺的供应商。在现代 BI 分析平台的市场中，客户要求这些产品提供明确的业务价值，并且在无须 IT 部门前期参与的情况下，通过有限的专业技术知识实现强大的分析。商业用户的敏捷性和易用性仍然是关键，但是管理部署、将用户生成的内容提升为受信任的企业资源、处理复杂的大型数据集、扩展和嵌入分析内容以及支持大型企业全球部署的能力也具有新的重要性。目前 Tableau 在这些方面上执行得非常好，保证了其在 Gartner 象限中领导者的位置。

2. 功能特性

Tableau 作为一款商业智能软件，它的功能也在逐渐覆盖到企业所需处理数据的多个环节上，包括产品本身跨平台、跨地域的部署特性，前期对数据清洗、转换、加载的准备，内置多种数据连接接口并支持应用程序编程接口（Application Programming Interface，API）接口的开发，数据简单快速的探索分析、嵌入式分析、内置基本模型并能兼容配套主流建模工具（如 Python、R 等）和一些深度分析的应用，可视化图表、智能仪表板和演示汇报故事的快速生成，报表瞬时共享、自动更新、随时查看并具备强大的权限管理保障数据以及分析成果的安全性，未来自然语言、人工智能方面的功能研发等。具体的产品功能特性如图 1-2 所示。

图1-2 Tableau平台功能特性

3. 成本

Tableau 产品降低了部署一流分析的成本。根据 Gartner 研究发现，Tableau 等现代商业智能平台的部署成本比"巨型供应商"的解决方案低 39%，并且不需要再购置其他产品，也没有任何隐性费用。

Tableau 产品提供全方位的分析体验、免费的培训、无可匹敌的研发投入以及拥有众多数据"达人"的活跃社区来保障企业培养数据方面的人才并且长期稳定地使用该产品作为企业的 BI 工具。

4. 商业价值

全球很多企业对于 Tableau 产品的具体商业价值都有不同的见解，正如 Tableau 官网的"客户故事"内容中所描述的："全球性科技公司联想通过 Tableau 将整个企业的报告效率提升了95%""GoDaddy 是一家国际网络托管和互联网域注册机构，该公司使用 Tableau、Alation Data Catalog 和 Hadoop 针对每天 13TB 的数据扩展大数据管理""LinkedIn 是全球最大的职业社交网络公司之一，该公司采用 Tableau 为数千名销售人员提供支持，从而减少客户的流失""MillerCoors 公司创立了 Miller、Coors 和 Blue Moon 等畅销啤酒品牌，该公司借助 Tableau 产品发现销售机会，向零售商销售更多的产品""EY 利用 Tableau 帮助客户节约大笔开支并预防欺诈等"。

Tableau 对企业的商业价值不仅体现在提高企业对于数据使用的能力和效率，帮助企业寻找潜在客户、企业战略投资以及风险管控等方面，更多的是助力企业快速转型为以数字作为驱动的现代化和数字化企业。

5. 推广落地

站在现代化商业智能（BI）的角度来看，对于大部分企业，真正了解企业内某些业务或具体流程的人中，不具备专业信息技术（Information Technology，IT）知识的人可能占多数，而这部分人对于业务的理解和分析思路恰好是企业日常经营管理所必需的。因此当企业选择一款产品作为自己未来一段时间的工作平台时，还需要考虑的一个重要因素就是该产品在企业内部是否容易推广，是否能得到大多数员工的积极响应并持续使用。

产品是否容易推广首先需要考虑该产品是否容易部署以及部署的周期是否较短。Tableau 很好地解决了这方面的问题，并提供了详细的文档方便每个使用该产品的用户安装部署。其次，对于没有太强技术背景的业务人员，Tableau 提供了简单、便捷的操作，使得这部分用户在使用产品的初期不会产生"畏难效应"，对于专业群体也可以通过在 Tableau 中创建复杂的计算逻辑或者配合建模工具开展更深层次的应用。随着使用的深入，Tableau 提供了很多免费的教程并免费提供全球范围内数据爱好者共享的作品当作学习模板。最后，也是作者觉得最重要的一点，Tableau 产品让大多数用户在很短的时间内就能得到一件心仪并且有实际用途的"作品"，这使得使用它的人从心理上获得了极大的满足感，而这种满足感也是这部分人愿意持续学习并且使用该产品的一大动力。

6. 售后服务

任何产品在使用过程中或多或少都会出现一些不可避免的问题，包括产品本身、使用人员对于产品的认知程度等，因此售后的服务保障对于企业采购一款产品也极其重要。Tableau 产品的售后服务有多种模式，包括线上的远程通话、线下的现场指导、定期免费培训、每年大型的数据峰会等，帮助企业解决从平台部署到具体的可视化设计等方面的疑难问题，保证企业在采购之后能进行有实际价值的应用。

7. 未来计划

企业选择一款产品往往需要考虑该产品的生命周期。如果这款产品只能在当下 1 年～ 2 年的时间内满足企业的业务需求，那么，对于企业来说，该产品不仅浪费了大量的成本，还在一定程度上影响了员工的职业规划。考虑到诸如此类的原因，Tableau 产品在其自身发展的十几年间一直将销售额中的很大一部分作为产品新功能的研发费用，并且广泛采纳全球用户的实际需求方面的建议并作为新功能的研发方向。作为当今 BI 领域的"领导者"，Tableau 正在积极应对未来即将出现的人工智能、自然语言处理以及更多维度、更大数据量的复杂应用场景。

1.2　Tableau 产品家族

Tableau 产品是功能强大、灵活并且安全性很高的端到端的数据分析平台，它提供了从数据准备、连接、分析、协作到查阅的一整套功能。目前主要包括 Tableau Prep、Tableau Desktop、Tableau Server、Tableau Online、Tableau Public、Tableau Reader 和 Tableau Mobile 共 7 种产品。

1.2.1　Tableau Prep

Tableau Prep 类似于 ETL 工具，是用来组合、整合并且清理数据的产品。虽然目前它还处于试用完善阶段，但其宗旨是使数据准备工作也能变得如同数据可视化探索工具 Tableau Desktop 一样简单易用，并且能够直观地追溯到结果。

1.2.2　Tableau Desktop

Tableau Desktop 更像是一个数据画板，它使得每一个用户通过简单、灵活的操作即可将数据绘制成生动、直观且具有实际分析意义的可视化内容。Tableau Desktop 的强大之处在于其可以轻松地访问并且连接几乎所有的主流数据库，通过简单的拖曳操作即可开展与数据之间的交互式分析，并且通过自定义的计算字段可以处理很多复杂的业务场景。对于热衷通过复杂的模型来挖掘数据潜在价值的用户，它也提供了与主流建模工具 Python 等的接口。总而言之，Tableau Desktop 将数据探索变得大众化、直观化，为数据文化的普及贡献了一分力量。

1.2.3　Tableau Server

当今是互联网信息时代，借助网络的传播速度和广度，企业可以将有价值的信息共享给组织中的任何个体。Tableau Server 实现了受管控的大规模自助式分析，其不仅对企业重要的数据源进行安全管控，允许在 Web 端连接数据展开可视化分析并且可以针对所有可视化的分析内容，结合企业内外部的人员在组织中的具体分工，从访问、下载、交互、订阅等一系列操作上进行权限管控并且实时监督，确保企业的核心数据和知识在大规模使用、分享过程中的安全性。

1.2.4　Tableau Online

如果企业希望获得 Tableau Server 的共享和协作等功能，但又不想真正地部署、管理服务器，那么 Tableau Online 将会是一个不错的选择。Tableau Online 实现了云端自主式分析，是完全托管在云端的分析共享平台。其安全、可扩展并且无须维护任何硬件的特性更是为那些只有少量用户并且没有部署服务器架构的组织提供了绝佳的方案。

1.2.5　Tableau Public

使用免费的 Tableau Public Desktop 版可以打开和浏览数据，并通过拖放轻松创建令人惊叹的可视化分析成果，但其无法像 Tableau Desktop 一样将内容保存在本地，目前只能在 Tableau Public 个人资料上上传和存储可视化内容。Tableau Public 为每个用户免费提供 10 GB 的存储空间，并且可以个性化设置个人资料方便与其他作者的联系。通过 Tableau Public 这个免费的全球社区，每个用户可以与世界共享自己的可视化内容，或者将其嵌入站点或博客中，还可以免费获取全球目前大约 15 万用户的可视化内容进行研究学习。

1.2.6　Tableau Reader

Tableau Reader 是一款免费的桌面应用程序，可用来打开本地或 Web 端生成的数据可视化内容并与之进行交互、筛选、下钻查询和探索等。它是一款方便没有 License 的用户在本地交互式查看可视化内容的工具。

1.2.7   Tableau Mobile

通过 App Store、Google Play 等可免费获取 Tableau Mobile，使得发布在 Tableau Server 或 Tableau Online 上的可视化应用能够随时随地在移动设备端查看并编辑。Tableau Mobile 简化了用户体验，只需轻点几下即可从问题到洞察，随时随地掌握数据，使用户可以在手机或平板电脑等设备上"触摸"他们的数据。

1.3   Tableau产品应用架构

目前 Tableau 共有 7 款产品，企业可以通过它们之间相互的配合来共同完成 BI 平台的快速搭建。Tableau 产品的应用架构如图 1-3 所示。

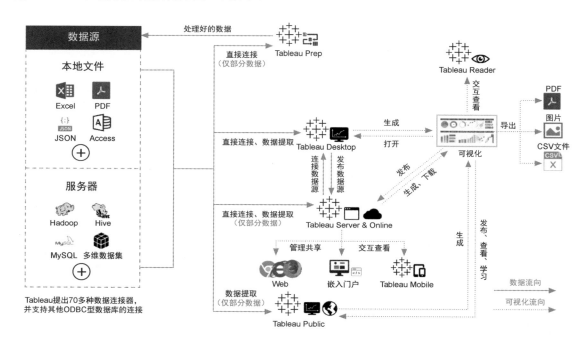

图1-3   Tableau 产品应用架构

通 过 Tableau Prep、Tableau Desktop、Tableau Server 或 Tableau Online 以 及 Tableau Public 访问分析所需的数据，其中用户可以通过 Tableau Prep 生成更利于分析并且响应速度更快的数据，然后将其作为数据源供给其余 4 款产品使用。Tableau Desktop 可以连接产品支持的所有数据源在本地展开分析，也可以将连接的数据发布到 Tableau Server 或 Tableau Online 上，通过它们对元数据进行安全管理、计划刷新等，同时也可以连接 Tableau Server 或 Tableau Online 上的数据在本地展开分析。Tableau Desktop 中生成的可视化内容可以保存在本地并通过自身或免费的 Tableau Reader 产品交互查看，也可以导出 PDF、图片等静态文件与他人共享。此外还可以将 Tableau Desktop 中生成的可视化内容发布到 Tableau Server 或 Tableau Online 上，利用这两款产品的特性对可视化内容进行安全管理、实时共享。Tableau Server 或 Tableau Online 都可以连接产品支持的部分数据源并在线展开分析，这也符合产品向云端部署的趋势。当然，目前在线分析的功能并没有 Tableau Desktop 那么完善。用户可以通过 Web 端、移动设备，或者将 Tableau Server 或 Tableau Online 上的可视化内容嵌入自己的门户等方式，随时随地地访问可视化内容。Tableau Public 是一款免费的产品，它又分为 Web 端和桌面端两种。桌面端的 Tableau Public 支持部分数据源的连接与可视化内容的制作，但其生成的可视化内容不能保存在本地，只能发布在 Web 端的 Tableau Public 上。用户也可以在 Web 端的 Tableau Public 上免费查看或下载全球数据爱好者提供的一些精彩的可视化分析内容。

1.4　Tableau Desktop 的安装与介绍

目前可视化内容的分析与制作主要在 Tableau Desktop 中完成，本文后续主要也是针对 Tableau Desktop 的比较复杂的应用展开介绍，对于后续内容中没有特别注明用途的"Tableau"一词，均可理解为产品 Tableau Desktop。

1.4.1　下载并安装 Tableau Desktop

目前安装 Tableau Desktop 的方式有两种，包括通过命令行或通过用户界面安装并激活 Tableau Desktop。本文主要介绍后一种方式，具体的安装步骤如下。

步骤 1：以 Windows 版本为例。准备安装 Tableau Desktop 的环境包括操作系统和硬件配置：Microsoft Windows 7、Microsoft Server 2008 R2 或更高版本，Intel Pentium 4、AMD Opteron 处理器或更新的产品，2 GB 内存和至少 1.5 GB 的可用磁盘空间。

步骤 2：在 Tableau 产品的官网上下载所需版本的安装程序。

步骤 3：运行安装程序后得到如图 1-4 所示的初始安装界面。

图1-4　初始安装界面

步骤 4：按提示勾选"我已阅读并接受本许可协议中的条款"后可以选择"自定义"或直接"安装"。"自定义"设置界面如图 1-5 所示。

图1-5 "自定义"界面

步骤 5：选择"安装"后会自动弹出一个显示安装进度的画面，如图 1-6 所示。

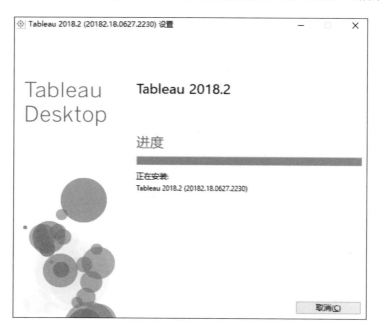

图1-6 安装进度提示界面

步骤 6：安装进度完成之后，自动弹出如图 1-7 所示的激活界面。输入产品密钥，就可以激活 Tableau；如果没有密钥，则可以选择"立即开始试用"。

图1-7　产品激活界面

步骤 7：无论选择"立即开始试用"还是"激活"，都会弹出如图 1-8 所示的注册信息界面。

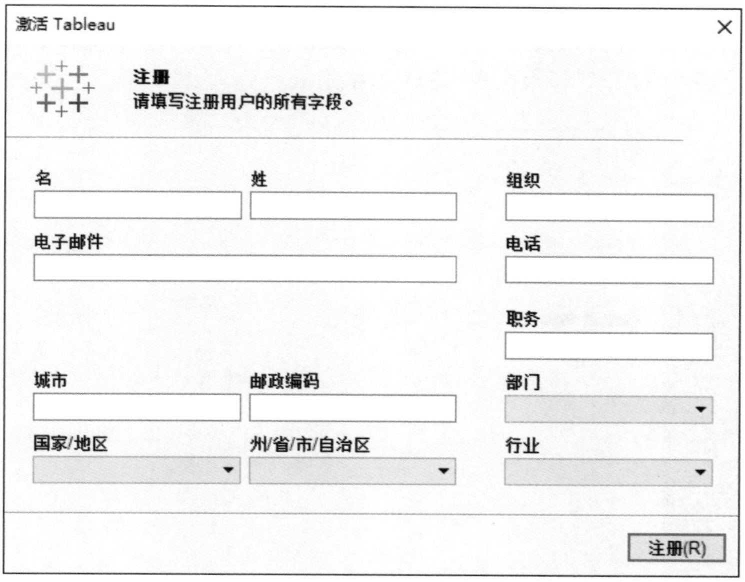

图1-8　注册信息界面

　　步骤 8：选择"立即开始试用"并填写注册信息后，可单击"注册"按钮完成产品的安装。选择"激活"并填写注册信息后，自动弹出如图 1-9 所示的输入密钥的界面。

　　步骤 9：输入密钥后单击"激活"按钮即可完成安装。注意，在无法访问互联网或者公司的防火墙或代理限制访问"Tableau 激活"站点的计算机上安装 Tableau Desktop 时，则必须完成一些额外步骤（此处不做详细说明）来脱机激活产品。

图1-9　键入密钥界面

1.4.2　开始界面

　　Tableau Desktop 中的开始界面是该产品的一个中心位置，用户可以在这个界面上执行连接到数据、打开最近使用的工作簿以及探索和浏览 Tableau 社区中的内容等操作。开始界面如图 1-10 所示，主要由"连接""打开"和"探索" 3 个窗格组成。

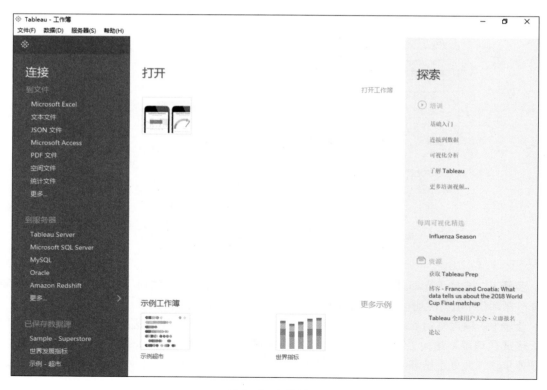

图1-10　开始界面

如图 1-11 所示，在"连接"窗格中用户可以连接到数据以及打开保存的数据源。

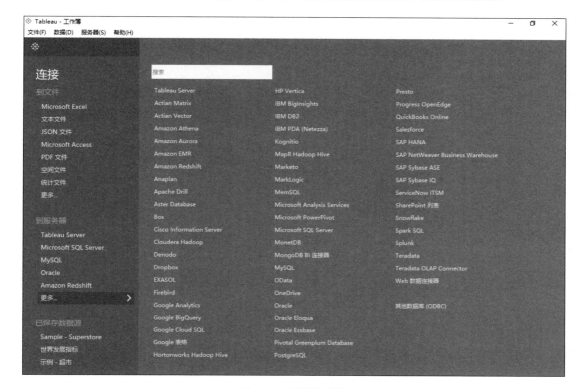

图1-11　"连接"窗格

通过"到文件"下的选项，用户可以连接到存储在 Microsoft Excel、文本文件、Tableau 数据提取文件和统计文件等（如 SPSS 和 R）中的数据。

通过"到服务器"下用户可以连接到存储在数据库（如 MySQL、Oracle）中的数据，并且 Tableau 会根据用户连接到服务器的连接频率，自动将此部分中列出的服务器名称更改为用户常用的服务器名称。

通过"已保存数据源"下的选项，用户可以快速打开之前保存在"我的 Tableau 存储库"文件夹中的数据源。此外，Tableau 也提供了一些已保存数据源的示例，用户可以使用它们来尝试 Tableau Desktop 的一些功能。

如图 1-12 所示，在"打开"窗格中，用户可以打开最近的工作簿、将工作簿锁定到开始界面以及浏览示例工作簿。

通过"打开工作簿"，用户可以查找保存在计算机的其他工作簿。首次打开 Tableau Desktop 时，此窗格为空，随着用户创建和保存新工作簿，最近打开的工作簿将以缩略图的形式出现在此处，并且单击工作簿缩略图可以快速打开工作簿。

通过单击出现在工作簿缩略图左上角的"锁定此工作簿"图标可以将工作簿锁定到开始页面，已经锁定的工作簿将始终出现在开始页面上。若要移除最近打开或锁定的工作簿，可以将光标悬停在工作簿缩略图上，单击"×"图标按钮即可。

通过"更多示例"，用户可以打开并且浏览示例工作簿。

如图 1-13 所示，在"探索"窗格中，用户可以查找培训视频和教程来学习如何操作 Tableau、查看 Tableau Public 中全球数据用户共享的可视化内容以及阅读有关 Tableau 的博客、文章和新闻等。

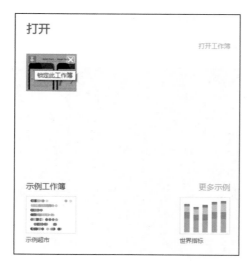

图 1-12 "打开"窗格

图 1-13 "探索"窗格

1.4.3   数据源界面介绍

在分析之前，用户首先需要在 Tableau 中建立与数据源的初始连接，建立连接之后 Tableau 会引导用户进入数据源界面。如果在分析过程中需要对数据源进行更改，可以通过从工作簿中的任何位置单击"数据源"选项回到数据源界面。

虽然数据源界面的外观和可用选项根据用户连接到数据类型的不同而略有差异，但数据源界面通常是由 4 个主要的区域组成，包括左窗格、画布、预览数据源网格和元数据管理网格，如图 1-14 所示。

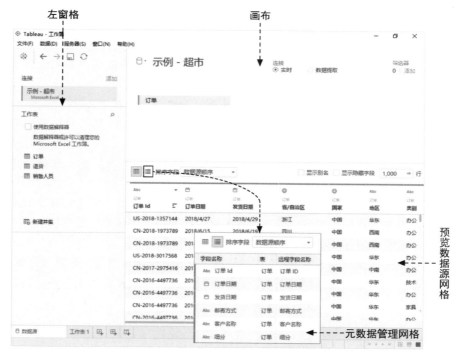

图 1-14 数据源界面

Tableau Desktop 所连接到的数据会通过左窗格显示有关的详细信息。对于文件型的数据左窗格，通常显示文件名和文件中的工作表；对于关系型数据左窗格，通常会显示服务器、数据库和数据库中的表等；对于多维数据集数据左窗格，不会为其显示信息。用户可以使用左窗格添加与单一数据源的更多连接来创建跨数据库连接。

连接到大部分关系型数据和文件型数据之后，用户可以将单个或多个表拖到画布区域中来设置分析所需的数据源；连接到多维数据集数据之后，用户可以通过可用的目录或要从中进行选择的查询和多维数据集来设置所需的数据源。

用户可以通过预览数据源网格查看数据源中包含的字段（多维数据集数据不会显示字段），Tableau 中默认显示数据源中前 1000 行的数据，当然也可以自定义所需查看的数据行数。用户也可以在预览数据源网格中对数据源进行简单的调整，例如隐藏不需要用到的字段、重命名字段、拆分字段、排序字段和创建计算等。

当连接到多维数据集数据或某些纯提取数据时，Tableau 会默认显示元数据管理网格。除此之外，用户可以通过单击"管理元数据"选项切换到元数据管理网格。元数据管理网格会将数据源中的字段显示为行，方便用户查看数据源的结构并执行简单的调整，例如一次性隐藏多个分析中不需要使用的字段。

1.4.4　语言和区域设置

Tableau 支持多种语言并在初次运行时自动识别计算机的区域设置。如果 Tableau 检测到计算机的区域设置超出了自身所识别的区域范围，那么程序默认设置语言为英语，除此之外，Tableau 会自动匹配计算机相应的语言设置。

如果用户想要更改 Tableau 界面（菜单、工具栏等）的显示语言，那么可以通过如图 1-15 所示的方式，即通过依次选择"帮助"→"选择语言"进行相应的配置，配置成功之后需要重新启动 Tableau 来使更改生效。

图 1-15　Tableau 界面语言设置

如果用户想要更改可视化分析内容里的日期和数字的语言显示格式，那么可以通过如图 1-16

所示的方式，即依次选择"文件"→"工作簿区域设置"。一旦用户选择了一种特定的区域设置，那么无论是谁打开工作簿，该工作簿所显示的语言都不会发生改变。此外，对于 Tableau 中的语言和区域设置，应用程序会严格按照先检索工作簿区域设置，然后检索操作系统的区域或语言设置，最后检索 Tableau 中的语言设置的顺序。如果这 3 个内容均未设置，那么工作簿的区域设置默认为英语。

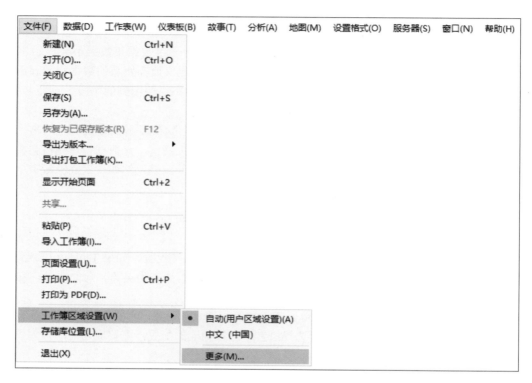

图 1-16　工作簿语言设置

1.4.5　Tableau Desktop 工作区和视图介绍

Tableau Desktop 的工作区界面如图 1-17 所示，主要包括菜单栏、工具栏、边条（数据窗格和分析窗格）、标记卡和功能区、状态栏以及数据源和表标签（工作表、仪表板和故事）。

菜单栏中包括软件自身的基本设置，数据及表（工作表、仪表板、故事）的设置，分析中常用的操作，地图相关设置，工作簿的格式设置，登录 Tableau 服务器的常规设置和产品帮助等功能。

工具栏中包括分析过程中的访问命令（撤销和排序等）、智能推荐图表一键绘制和导航到产品其他界面的功能。

边条中包括对数据源中所有字段的访问、转换以及创建新的字段、参数或集等，同时包括分析中常用的一些参考线、模型和分布区间等功能。

标记卡和功能区中包括将数据添加到视图中、创建可视化的结构以及改变可视化内容的颜色、大小和数据粒度等功能。

状态栏中包括对当前视图相关信息的展示、分析内容的演示导航等功能。可以通过依次选择"窗口"→"显示状态栏"将其隐藏。

数据源和表标签中包括导航到数据源界面，创建或删除工作表、仪表板或故事以及重命名表等功能。

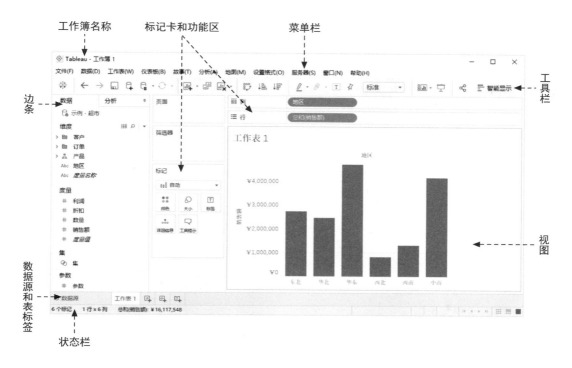

图 1-17 工作区界面

Tableau Desktop 的视图区域如图 1-18 所示，主要包括标题（工作表标题和字段标题等）、字段标签、单元格（或区）、轴、标记、工具提示、图例（维度或度量图例）和说明等部件。

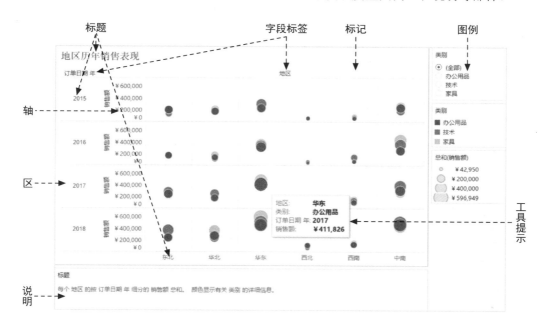

图 1-18 视图区域

标题是工作表、仪表板、故事或字段等的显示名称，用户可以根据实际需求编辑名称或隐藏显示等。

字段标签是添加到行或列功能区上的离散字段的标签，用来说明该字段的成员。用户可以对其进行格式设置或隐藏显示等。

单元格由行和列交叉形成，是 Tableau 图表的基本组件。

轴是将度量或连续字段放在"行"或"列"功能区上时生成的，默认情况下 Tableau 会针对此数据生成连续的轴。用户可以根据需求对轴的范围和显示标签等进行修改或者隐藏轴。

标记是用文本、条、区域等来表示视图中的字段（维度和度量）交集的数据。

工具提示是将光标悬停在视图中的单个或多个标记上时，所显示出来的附加数据的详细信息，包括文本和图表。用户可以通过工具提示中的相关命令与视图进行交互，当然也可以将这些命令禁用或者不显示工具提示。

图例是将维度或度量字段拖至"标记"卡上的"颜色""大小"和"形状"时自动生成的，用于指示数据对视图进行编码的方式。用户可以对其进行格式的设置或隐藏图例等。

说明是描述视图中数据的文本，所有视图都可以自动生成或手动创建说明。用户可以更改说明的内容、字体、大小、颜色和对齐方式等，还可以设置说明是否显示。

1.4.6　Tableau 文件类型

Tableau 可以生成多种类型的文件，这些文件大致可以归纳为两类：Tableau 专用文件类型和通用文件类型。

Tableau 专用文件类型包括工作簿（.twb）、打包工作簿（.twbx）、书签（.tbm）、数据提取（.tde 或 .hyper）、数据源（.tds）和打包数据源（.tdsx）。其中工作簿（.twb）文件包含单个或多个工作表和零个或多个仪表板及故事；打包工作簿（.twbx）是一个 zip 文件，包含单个工作簿以及本地文件数据及图像，这种文件类型适合与不能访问原始数据的人共享；书签（.tbm）文件只能包含单个工作表，是与他人快速共享所做工作的简便方法；数据提取（.tde 或 .hyper）文件是部分或整个数据的一个本地副本，可以通过此类文件提高性能和用来在离线工作时与他人共享数据，此外在 Tableau Desktop 10.5 版本之前数据提取文件的扩展名是 .tde，Tableau Desktop 10.5 以后升级为 .hyper，性能也变得更好；数据源（.tds）文件不包含实际的数据，只包含连接到实际数据所包含的内容和用户在基于实际数据基础上进行的任何修改（更改字段默认属性、创建计算字段等），是快速连接到用户经常使用的原始数据的一种快捷方法；打包数据源（.tdsx）也是一个 zip 文件，包含数据源文件 (.tds) 和任何本地文件数据，例如文本文件、Excel 文件、数据提取文件 (.tde 或 .hyper) 和 Access 文件等，以便与无法访问本地存储的原始数据的人共享。

通用文件类型包括文件数据（.csv、.mdb 或 .xlsx）、PDF 文件（.pdf）、图片文件（.png、.bmp、.emf、.jpg、.jpeg、.jpe 或 .jfif）。其中文件数据是指 Tableau 可以对原始数据进行加工，例如通过创建计算产生新的数据和调整数据结构等，然后将其导出成以上 3 种通用的文件数据共享给其他人；PDF 文件是指 Tableau 可以将做好的单个工作表或整个工作簿打印成所需尺寸的 PDF 文件与他人共享；图片文件是指 Tableau 可以将做好的工作表、仪表板或故事导出成图片文件与他人共享。

第2章 Tableau 高阶图形

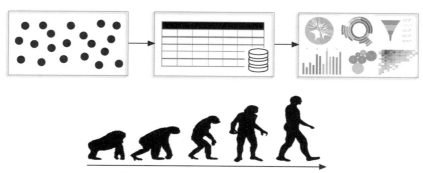

数据可视化是人类进化的另一段历史。

有人说人类区别于其他动物的原因是人类会创造并且使用工具，还有人说是因为人类有思想、会使用语言和文字进行沟通和交流。其实人们发明和使用图形也是人类相较于其他动物更具智慧的特征，在这一点上中国人更加擅长。众所周知汉字最早起源于图形，所以汉字也被称为象形文字，这也更加充分地说明图形是人们传达和保存信息必不可少的一种方式。

人类是天生的视觉动物，科学研究表明人类通过视觉所接受的信息高达 83%，而在这之中人们对于图形所传达的信息的感官更为强烈。正因为如此在现代很多 BI 报表中，人们大多会将表格数据转化成能够更加直观地表达有价值的信息的图形，使得观看者能够轻松地发现数据所传达的重要的信息。

2.1 径向图的两种制作方法

从外观上看，径向图仿佛赛场上一圈一圈的跑道，因此它还有个别名叫跑道图。径向图的基本样式如图 2-1 所示。

径向图本质上是柱形图的一种变形，其所表达的数据特征与柱形图类似，都可以反映一组数据的大小。径向图相较柱形图而言更具有视觉冲击力，并且在数据量一定的范围内，相比柱形图更节省空间。

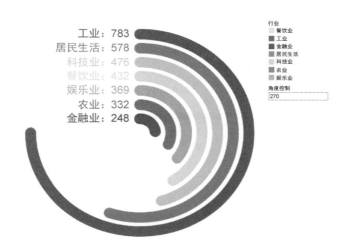

图2-1   径向图示例

制作径向图的核心思路是围绕圆的直角坐标方程：$X=R \times \cos\theta$、$Y=R \times \sin\theta$（X、Y 代表圆上点的坐标方程）展开的。

2.1.1　旋转角度由辅助数据源控制

径向图的圆心角旋转的角度由辅助数据源控制，制作过程如下。

步骤 1：在 Tableau 中，本例所需的数据结构如表 2-1 和表 2-2 所示。

表2-1 模拟行业用电量数据

行　　业	用　电　量	Link
金融业	248	link
科技业	476	link
娱乐业	369	link
餐饮业	432	link
农业	332	link
工业	783	link
居民生活	578	link

表2-2 径向图所需辅助数据

Link	path	
link	1	
link	90	

步骤 2：通过数据源界面将表 2-1、表 2-2 导入 Tableau 中。其中表 2-1 作为左表，以"Link"字段作为两张表的关联字段，可以选择"内部""左侧""右侧"以及"完全外部"4 种连接方式连接表 2-2（Tableau Desktop 10.4 或以上版本，在创建数据时可以省略表 2-1 与表 2-2 的"Link"列，

改为在作表连接时创建相同的连接字段关联两张表），此处选择"内部"连接。具体的连接方式如图 2-2 所示。

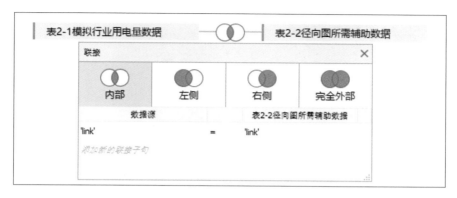

图2-2 数据连接

步骤 3：所需创建的计算字段如表 2-3 所示。

表2-3   径向图所需计算字段

编号	字　段	计　算　公　式
1	Index	INDEX()-1
2	PI	WINDOW_MAX(MAX(PI()))
3	Max 用电量	WINDOW_MAX(SUM([用电量]))
4	用电量(Windows Sum)	WINDOW_MAX(SUM([用电量]))
5	Step Size	[用电量(Windows Sum)]/[Max 用电量]
6	Rank	RANK_UNIQUE([用电量(Windows Sum)], 'asc')
7	X	COS([Index]*[PI]/180*[Step Size])*[Rank]
8	Y	SIN([Index]*[PI]/180*[Step Size])*[Rank]

步骤 4：右键单击"path"字段依次选择"创建"→"数据桶"→"数据桶大小"设置为1，具体设置如图 2-3 所示。

图2-3 数据桶设置

步骤 5：将"X"字段拖至"行"，"Y"字段拖至"列"，"标记"选择"线"，"行业"字段拖至"颜色"并将"path（数据桶）"字段拖至"路径"后得到图 2-4。

图2-4　径向图绘制过程

　　步骤 6：右键单击"行"上的"X"字段选择"编辑表计算"，按图 2-5、图 2-6、图 2-7 所示，设置"嵌套计算"的"计算依据"。

图2-5　"Index""PI"字段的"计算依据"设置

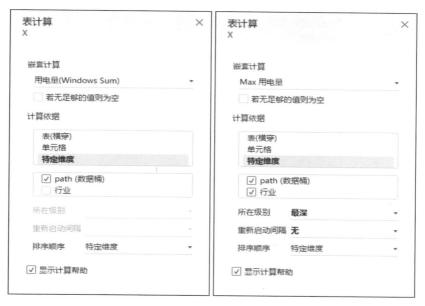

图2-6 "用电量(Windows Sum)""Max用电量"字段的"计算依据"设置

图2-7 "Rank"字段的"计算依据"设置

步骤7：将"列"上的"Y"字段设置成与"行"上的"X"字段相同的"嵌套计算"的"计算依据"后，得到图2-8。

步骤8：如果想使图形看起来像个完整的圆形，可以固定轴的范围。右键单击视图中的"X"字段依次选择"编辑轴"→"固定"→本例中设置"固定开始"为-8、"固定结束"为8，并对"Y"字段的坐标轴进行同样的操作后得到图2-9。

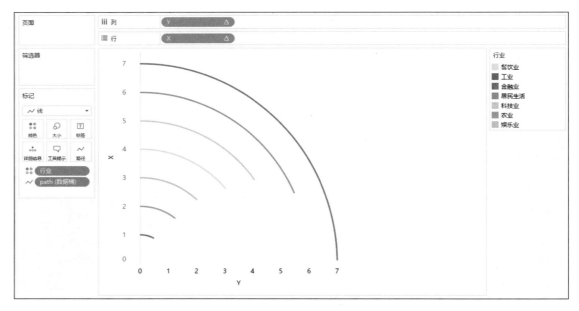

图2-8　径向图雏形

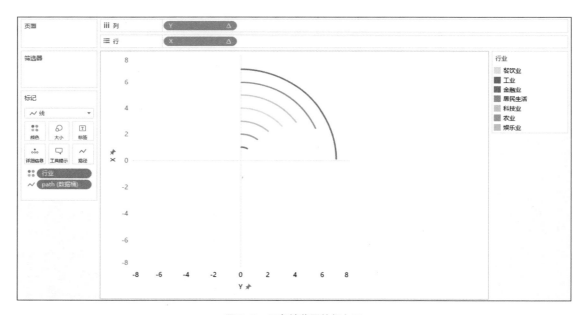

图2-9　固定轴范围的径向图

　　步骤 9：完善图形的细节，通过"大小"来设置线的粗细，将所需展示的信息拖至"标签"，例如"行业"和"用电量"字段。然后选择"标签""线末端"，勾选"允许标签覆盖其他标记"和"线首标签"来将信息显示在径向图的起始列，最后隐藏坐标轴等得到图 2-10。

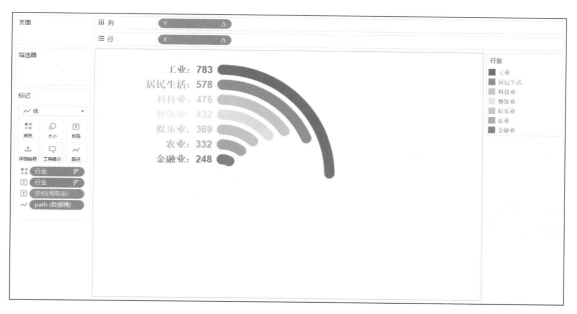

图2-10 旋转角度由辅助数据源控制的径向图

2.1.2 旋转角度可自由更改

径向图的圆心角旋转的角度可由参数控件自由更改，制作过程如下所示。

步骤 1：所需的数据源和连接方式与 2.1.1 中一致，此处不做重复叙述。

步骤 2：所需创建的计算公式如表 2-4 所示。

表2-4　　　　　　　　　　　　　　　径向图所需计算

编号	字　段	计　算　公　式
1	Index	INDEX()-1
2	PI	WINDOW_MAX(MAX(PI()))
3	New path	CASE [path] WHEN 1 then 0 WHEN 90 then [用电量]*[角度控制]/{MAX([用电量])} END
4	Rank(用电量)	RANK_UNIQUE(SUM([用电量]),'asc')
5	Rank Max	WINDOW_MAX([Rank(用电量)])
6	X2	COS([Index]*[PI]/180)*[Rank Max]
7	Y2	SIN([Index]*[PI]/180)*[Rank Max]

步骤 3：对应表 2-4 创建可自由控制角度的参数"角度控制"应用在"New path"字段中。具体参数的设置如图 2-11 所示。

图2-11   "角度控制"参数设置

步骤 4：右键单击"New path"字段依次选择"创建"→"数据桶"→"数据桶大小"设置为 1，具体设置如图 2-12 所示。

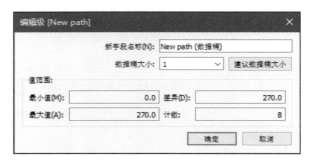

图2-12   数据桶设置

步骤 5：将"X2"字段拖至"行"，"Y2"字段拖至"列"，"标记"选择"线"。"行业"字段拖至"颜色"，"New path（数据桶）"字段拖至"路径"后得到图 2-13。

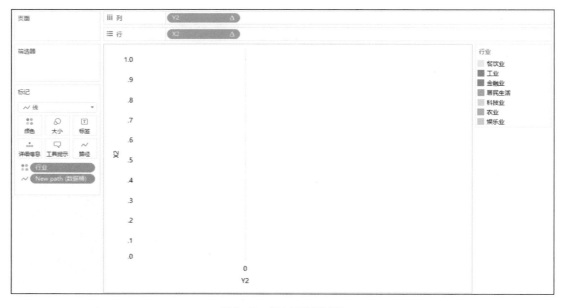

图2-13   径向图绘制过程

步骤 6：右键单击"行"上的"X2"字段选择"编辑表计算"，按图 2-14、图 2-15 所示，设置"嵌套计算"的"计算依据"。

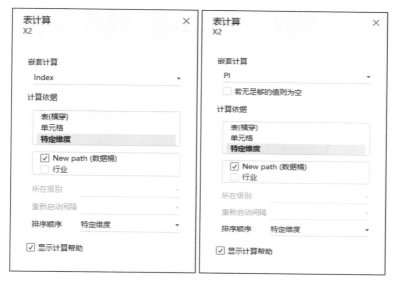

图2-14 "Index""PI"字段的"计算依据"设置

图2-15 "Rank Max""Rank(用电量)"字段的"计算依据"设置

步骤 7：将"列"上的"Y2"字段设置成与"行"上的"X2"字段相同的"嵌套计算"的"计算依据"后，得到图 2-16。

步骤 8：完善图形细节的步骤与 2.1.1 中类似。此时右键单击"角度控制"参数选择"显示参数控件"→键入圆心角所需旋转角度的大小。例如本例中原本"角度控制"参数的初始值为270，现在将值改为 180 后得到图 2-17。

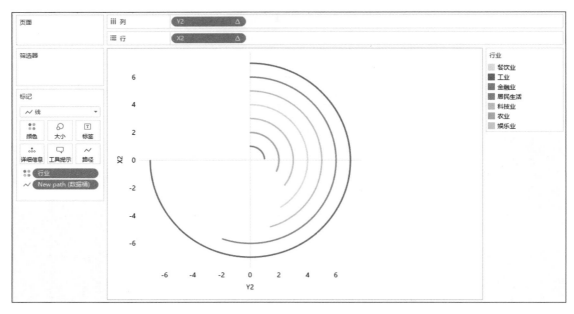

图 2-16　径向图雏形

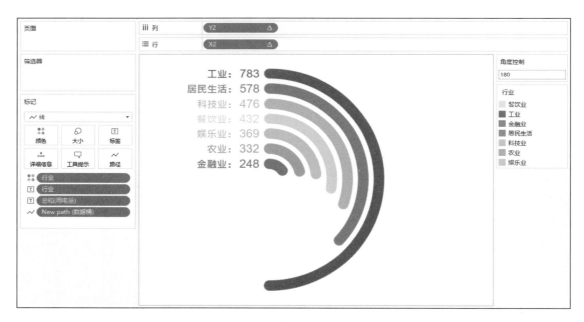

图 2-17　旋转角度可自由更改的径向图

2.2　n阶环形柱图

　　环形柱图也是柱形图的一种衍生。它有两种基本的形态，一种是由中心向外部辐射，另一种则是由外部向中心辐射。一阶环形柱图的基本样式如图 2-18 所示。

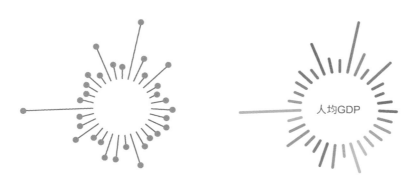

图2-18　一阶环形柱图示例

与径向图类似，环形柱图也是柱形图的一种变形，其所表达的数据信息与柱形图类似。相对柱形图来说环形柱图更容易使人聚焦，其内部空心环处也可以放置比较核心的信息。此外二阶环形柱图还可以应用在需要做指标对比的场景中。

制作环形柱图的核心思路也是围绕圆的直角坐标方程：$X=R\times\cos\theta$、$Y=R\times\sin\theta$ 展开的。为了实现将环形上的点通过线连接成类似柱形图的效果，需要将公式变形为：$X2=R1+(R2-R1)\times\cos\theta$、$Y2=R1+(R2-R1)\times\sin\theta$。

2.2.1　一阶环形柱图

内径和外径可由参数自动控制的一阶环形柱图，制作过程如下所示。

步骤 1：在 Tableau 中，本例所需的数据结构如表 2-5、表 2-6 所示。

表2-5　　　　　　　　　　　　2017人均地区生产总值（单位：元）

地　　　区	人均地区生产总值	Link
北京	128994	link
天津	118944	link
河北	45387	link
山西	42060	link
内蒙古	63764	link
辽宁	53527	link
吉林	54838	link
黑龙江	41916	link
上海	126634	link
江苏	107150	link
浙江	92057	link
安徽	43401	link
福建	82677	link
江西	43424	link
山东	72807	link

续表

地　　区	人均地区生产总值	Link
河南	46674	link
湖北	60199	link
湖南	49558	link
广东	80932	link
广西	38102	link
海南	38102	link
重庆	48430	link
四川	63442	link
贵州	37956	link
云南	34221	link
西藏	39267	link
陕西	57266	link
甘肃	28497	link
青海	44047	link
宁夏	50765	link
新疆	44941	link

注：数据来源，《中国统计年鉴》

表 2-6　　　　　　　　　　　　　　　环形柱图所需辅助数据

Link	path
link	0
link	1

步骤 2：通过数据源界面将表 2-5、表 2-6 导入 Tableau 中，其中将表 2-5 作为左表，以 "Link" 列作为两张表的关联字段，选择 "左侧" 的方式连接表 2-6。具体连接的方式如图 2-19 所示。

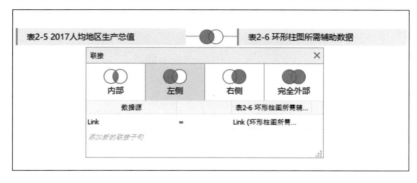

图 2-19　数据连接

步骤 3：所需创建的计算公式如表 2-7。

表 2-7　　　　　　　　　　　　　　　　　　环形柱图所需计算字段

编号	字　　段	计 算 公 式
1	径向角度	(INDEX()-1) * (1/WINDOW_COUNT(COUNT([人均地区生产总值]))) * 2 * PI()
2	径向长度	[径向内部]+ IIF(ATTR([path]) = 0 , 0 ,SUM([人均地区生产总值])/ WINDOW_MAX(SUM([人均地区生产总值])) * ([径向外部]-[径向内部])))
3	X	[径向长度]*COS([径向角度])
4	Y	[径向长度]*SIN([径向角度])

　　步骤 4：对应表 2-7 分别创建可自由控制内环和外环半径长度的参数"径向内部"与"径向外部"，将其应用在"径向长度"字段、"X"字段和"Y"字段中。具体参数的设置如图 2-20 和图 2-21 所示。

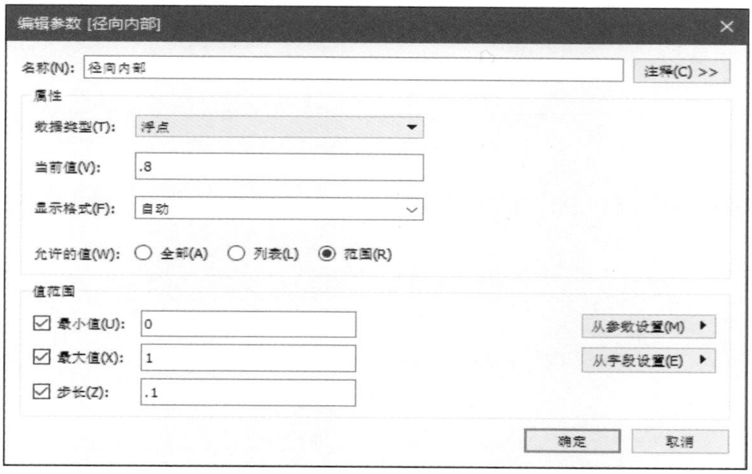

图 2-20　"径向内部"参数设置

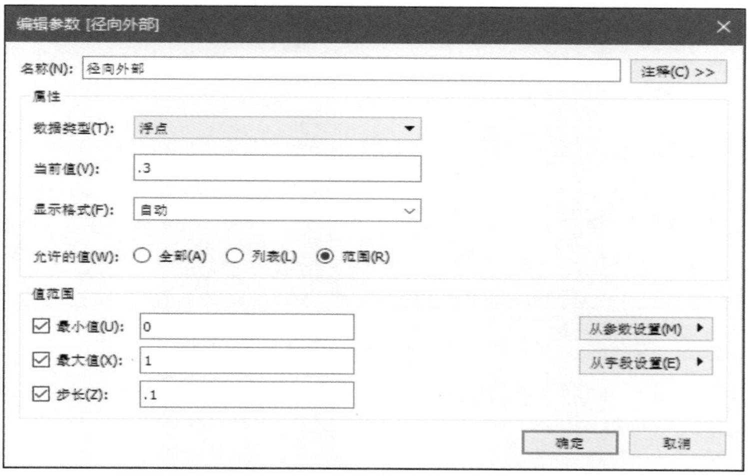

图 2-21　"径向外部"参数设置

步骤 5：将"X"字段拖至"行"，"Y"字段拖至"列"，"地区"字段拖至"详细信息"，"path"字段拖至"路径"，"标记"选择"线"后得到图 2-22。

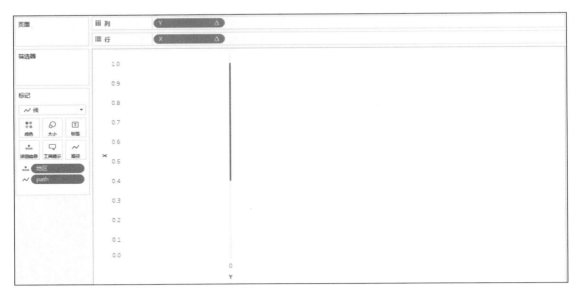

图 2-22   环形柱图绘制过程

步骤 6：右键单击"行"上的"X"字段选择"编辑表计算"，按图 2-23 所示设置"嵌套计算"的"计算依据"。

图 2-23   "径向长度""径向角度"字段的"计算依据"设置

步骤 7：将"列"上的"Y"字段设置成与"行"上的"X"字段相同的"嵌套计算"的"计算依据"后，得到图 2-24。

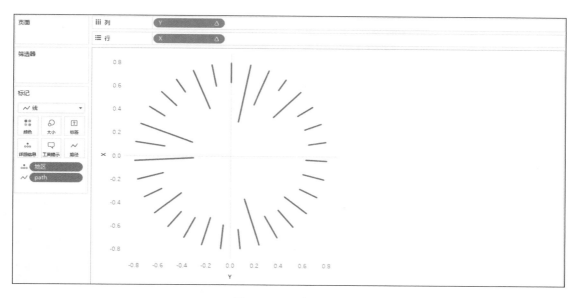

图2-24　环形柱图雏形

步骤8：如果想使图形看起来是个完整的圆形，需要固定轴的范围。右键单击视图中的"X"字段依次选择"编辑轴"→"固定"→本例中设置"固定开始"为-1、"固定结束"为1，并对"Y"字段进行同样的操作后得到图2-25。

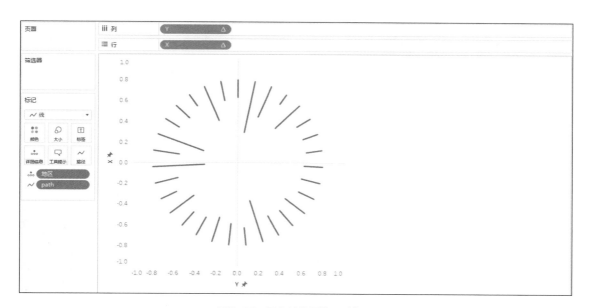

图2-25　固定轴范围的环形柱图

步骤9：完善图形的细节。通过"大小"来设置线的粗细，将所需展示的信息拖至"标签"，例如"地区"字段。然后依次选择"标签"→"线末端"→勾选"允许标签覆盖其他标记"和"线首标签"。将"人均地区生产总值"字段拖至"颜色"并隐藏坐标轴等得到最终的图形，如图2-26所示。

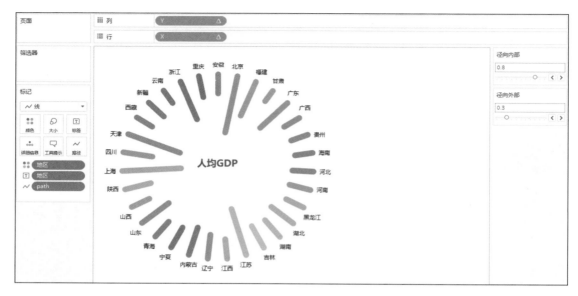

图2-26　一阶环形柱图

步骤 10：可以通过调节两个参数的大小来更改内环及外环的半径长度。当参数"径向内部"的数值小于参数"径向外部"的数值时，图形向外辐射，反之图形向内辐射。向内辐射的环形柱图如图 2-26，向外辐射的环形柱图如图 2-27 所示。

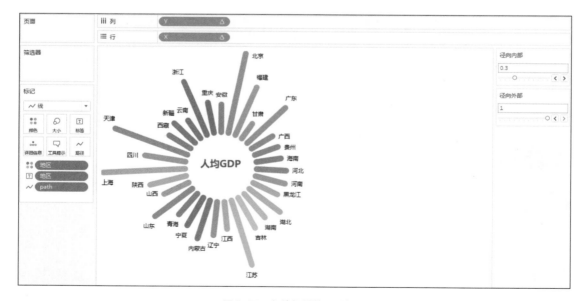

图2-27　向外辐射的环形柱图

2.2.2　二阶环形柱图

二阶环形柱图是由 4 层圆环两两相连得到的，如果需要也可以此类推做 *N* 阶环形柱图。

步骤 1：在 Tableau 中，本例所需的数据结构如表 2-8 和表 2-9 所示。

表 2-8　　　　　　　　　　　　　　　　　　模拟两年销售额对比数据

年　份	月　份	值
2016	1月	41
2016	2月	80
2016	3月	38
2016	4月	58
2016	5月	76
2016	6月	64
2016	7月	38
2016	8月	63
2016	9月	78
2016	10月	20
2016	11月	91
2016	12月	28
2017	1月	84
2017	2月	90
2017	3月	24
2017	4月	72
2017	5月	61
2017	6月	53
2017	7月	38
2017	8月	68
2017	9月	43
2017	10月	92
2017	11月	30
2017	12月	53

表 2-9　　　　　　　　　　　　　　　　　　辅助数据

path	
0	
1	
2	
3	

步骤 2：数据的连接方式与 2.2.1 中的数据连接方式类似，此处通过创建两个相同内容的"Link"字段选择"内部"连接两张表，具体设置如图 2-28 所示。

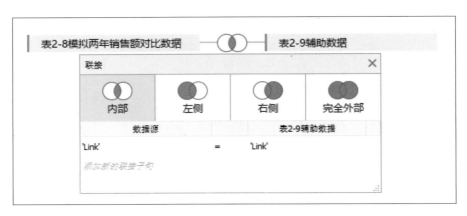

图 2-28　数据连接

步骤 3：所需创建的计算公式如表 2-10 所示。

表 2-10　　　　　　　　　　　　　　　二阶环形柱图所需计算字段

字　段	计　算　公　式
角度	`360/WINDOW_COUNT(COUNT([月份]))*(INDEX()-1)`

New path	`if [年份]='2016' and`
	`[path]=0 or [path]=1 then [path]`
	`ELSEIF [年份]='2017' and`
	`[path]=2 or [path]=3 then [path]`
	`end`

R	`IF ATTR( [path]=0 ) then 2`
	`ELSEIF ATTR( [path]=1 ) then (4-2)*SUM(IF [年份]='2016' then [值]`
	`END)/WINDOW_MAX(SUM(IF [年份]='2016' then [值] END))+2`
	`ELSEIF ATTR( [path]=2 ) then 6`
	`ELSEIF  ATTR( [path]=3 ) then`
	`(6-4)*SUM(IF [年份]='2017' then [值] END)/WINDOW_MAX(SUM(IF [年份]=`
	`'2017' then [值] END))+6`
	`end`

X	`COS(RADIANS([ 角度]))*[R]`
Y	`SIN(RADIANS([ 角度]))*[R]`

注："R"中 4 层环的半径依次为 2、≤4、6、≤8，该半径也可通过参数控制

步骤 4：将"X"字段拖至"行"，"Y"字段拖至"列"，"年份"字段拖至"颜色"，"月份"字段拖至"详细信息"，"标记"选择"线"并将"New path"字段拖至"路径"后得到图 2-29。

步骤 5：右键单击"行"上的"X"字段选择"编辑表计算"，按图 2-30 所示设置"嵌套计算"的"计算依据"。

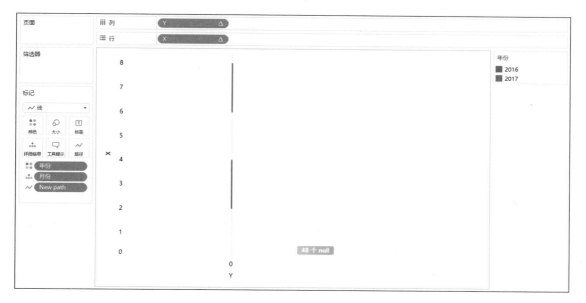

图2-29　二阶环形柱图绘制过程

图2-30　"角度""R"字段的"计算依据"设置

步骤6： 对"列"上的"Y"字段设置成与"行"上的"X"字段相同的"嵌套计算"的"计算依据"后，得到图2-31。

步骤7： 根据实际需要完善视图的细节，具体操作步骤与2.2.1中类似，最终的二阶环形柱图如图2-32所示。

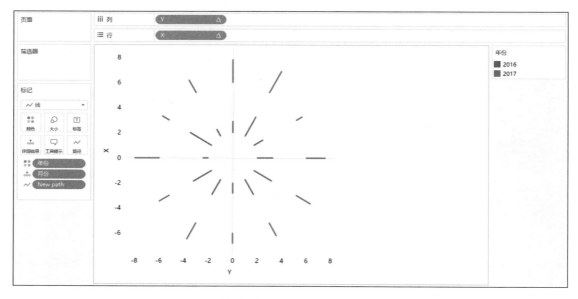

图2-31　二阶环形柱图雏形

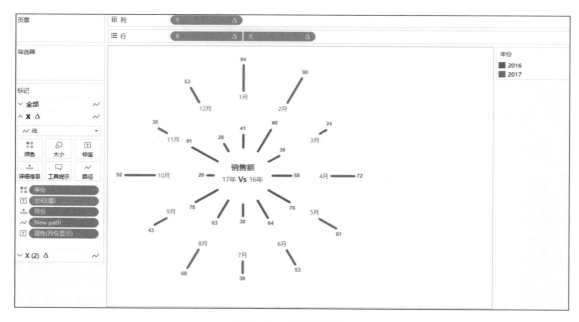

图2-32　二阶环形柱图

2.3　数据仪表盘

　　数据仪表盘的整体外观类似于车速表，故而又被称作管理驾驶舱，它可以清晰地反映某个指标所在的范围。数据仪表盘的基本样式如图 2-33 所示。

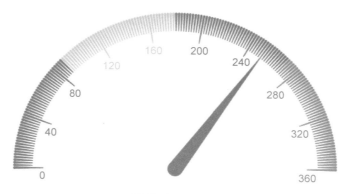

销售额： 251

图 2-33 数据仪表盘示例

数据仪表盘将一组数据进行组织呈列，并为该组数据划分不同的区域和颜色，方便使用者直观地查看数据所传达的信息。它通常应用在 KPI 考核、阈值预警、实时数据监控等场景中。

制作数据仪表盘的核心思路还是围绕圆的直角坐标方程：$X=R\times\cos\theta$、$Y=R\times\sin\theta$ 展开的。将圆的方程结合实际的业务数据来绘制数据仪表盘的刻度环和指向刻度环的具体指标指针。

在 Tableau 中制作数据仪表盘有多种方法，例如通过复制一倍业务数据用来作指针，插入合适的环形刻度图片充当指针的背景等。通常大部分方法的刻度环不是根据实际业务数据绘制，不能灵活更改，并且当数据源刷新时部分指标可能会超出刻度环的范围，导致图表不能正常使用。本文将介绍一种优化后的做法，保证数据仪表盘随业务数据的更新而自动更新，制作过程如下所示。

步骤 1：在 Tableau 中，本例所需的数据结构如表 2-11、表 2-12 和表 2-13 所示。

表 2-11   模拟全年销售数据

月　份	销　售　额
1月	139
2月	253
3月	190
4月	134
5月	251
6月	173
7月	274
8月	110
9月	263
10月	135
11月	105
12月	305

表 2-12　　　　　　　　　　　　　　　　　　　扩充 4 层环形数据

path	
1	
2	
3	
4	

表 2-13　　　　　　　　　　　　　　　　　　　扩充 360° 刻度线数据

ID	
0	
1	
2	
3	
4	
5	
6	
7	
8	
9	
…	
360	

　　步骤 2：通过数据源界面将表 2-11、表 2-12 和表 2-13 导入 Tableau 中。其中将表 2-11 作为左表，通过创建相同的"Link"字段将其余两张表分别与表 2-11 做"内部"连接。具体连接的方式如图 2-34 所示。

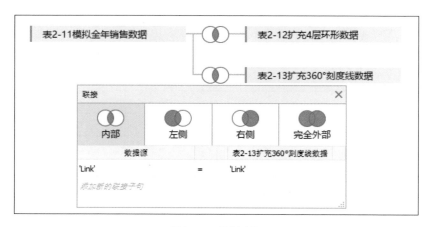

图 2-34　数据连接

步骤 3：所需创建的计算公式如表 2-14 所示。

表2-14   **数据仪表盘所需计算字段**

编号	字 段	计 算 公 式
1	角度	IF [ID]<=[角度控制] then [ID] end
2	X	COS(RADIANS([角度]))
3	Y	SIN(RADIANS([角度]))
4	最大销售额	{ MAX([销售额])}
5	将最大销售额转化为180的整数倍	(AVG(IF[最大销售额]<=[角度控制]then[角度控制]ELSEIF[最大销售额]>[角度控制]then CEILING(([最大销售额]-[角度控制])/[角度控制]+1)*[角度控制] END))
6	销售额关联指针	ROUND((AVG([销售额])/[将最大销售额转化为180的整数倍]*[角度控制]),0)
7	F(X)	IF ATTR([path])=1 and AVG([ID])=[销售额关联指针] THEN 0 ELSEIF ATTR([path])=2 and AVG([ID])=[销售额关联指针] then 2*ATTR([X]) ELSEIF ATTR([path])=3 then IF AVG(IF [ID]<=[角度控制]then[ID] end)%[仪表盘刻度控制]=0 THEN 3.7*ATTR([X]) ELSE 4*ATTR([X]) end ELSEIF ATTR([path])=4 then 4.5*ATTR([X]) end
8	F(Y)	IF ATTR([path])=1 and AVG([ID])=[销售额关联指针] THEN 0 ELSEIF ATTR([path])=2 and AVG([ID])=[销售额关联指针] then 2*ATTR([Y]) ELSEIF ATTR([path])=3 then IF AVG(IF [ID]<=[角度控制]then[ID] end)%[仪表盘刻度控制]=0 THEN 3.7*ATTR([Y]) ELSE 4*ATTR([Y]) end ELSEIF ATTR([path])=4 then 4.5*ATTR([Y]) end
9	仪表盘等间距刻度值	IF ATTR([path])=3 and (AVG([ID])=0 or AVG([ID])=360) then 0 ELSEIF ATTR([path])=3 and AVG([ID])%[仪表盘刻度控制]=0 then (AVG([ID])/[角度控制])*[将最大销售额转化为180的整数倍] end
10	指针、环形大小	IF [path]=1 then 2 ELSEIF [path]=2 then 1 ELSEIF [path]=3 then 0 ELSEIF [path]=4 then 0.2 end
11	预警颜色区分	IF [ID]>=0 and [ID]<[角度控制]/4 then 'Red' ELSEIF [ID]>=[角度控制]/4 and [ID]<[角度控制]/2 then 'Yellow' ELSEIF [ID]>=[角度控制]/2 and [ID]<3*[角度控制]/4 then 'Blue' ELSEIF [ID]>=3*[角度控制]/4 and [ID]<[角度控制] then 'Green' END

步骤 4：对应表 2-14 创建可以自动控制图形旋转角度的参数 "角度控制" 和可以按给定数值自动均分仪表盘刻度的参数 "仪表盘刻度控制"。并将其应用在表 2-14 需要用到该参数的计算字段中。具体参数的设置如图 2-35 和图 2-36 所示。

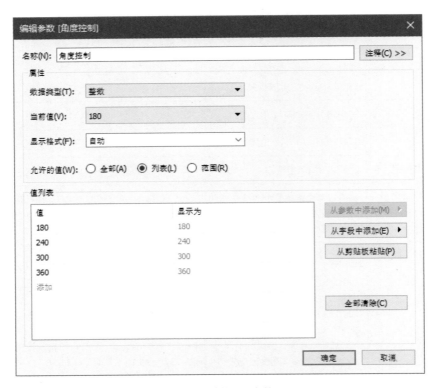

图 2-35　"角度控制"参数设置

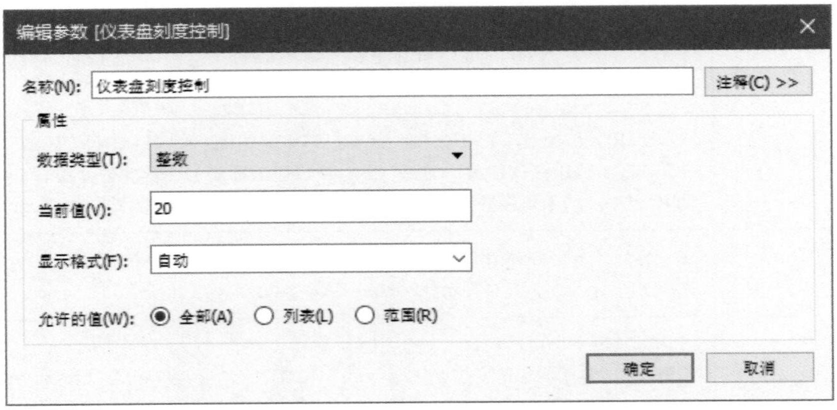

图 2-36　"仪表盘刻度控制"参数设置

　　步骤 5：将"F(X)"字段拖至"列","F(Y)"字段拖至"行","ID"字段拖至"详细信息","标记"选择"线"并将"path"字段拖至"路径"后得到图 2-37。

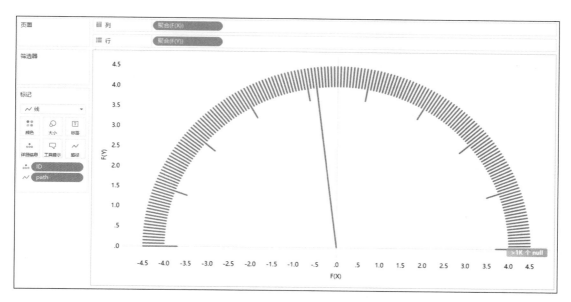

图 2-37　数据仪表盘绘制过程

步骤 6：将"指针大小"字段拖至"大小"，"仪表盘等间距刻度值"字段拖至"标签"，"颜色分区"字段拖至"颜色"后得到图 2-38。

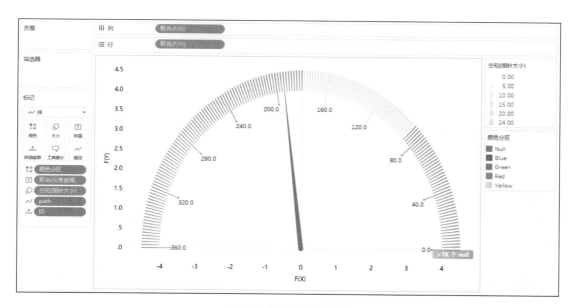

图 2-38　数据仪表盘雏形

步骤 7：完善图形的细节。通过"大小"来设置线的粗细，右键单击视图中的"F(X)"字段依次选择"编辑轴"→"固定"→设置"固定开始"为-5、"固定结束"为5，并对"F(Y)"字段进行同样的操作后隐藏两个坐标轴。左键单击"标签"依次选择"线末端"→勾选"允许标签覆盖其他标记"和"线首标签"并按实际需求调整"字体"和"对齐"方式后得到图 2-39。

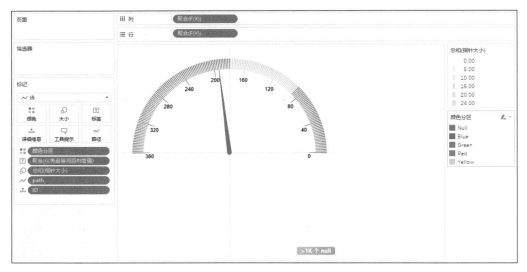

图2-39 数据仪表盘修饰过程

步骤 8：可以根据实际的需求将指标名称和具体的指标值显示在指针下方。为此需要再创建一个"指标显示"字段和一个"销售额显示"字段，如表 2-15 所示。

表2-15   指标显示所需计算字段

编 号	字　　段	计　算　公　式
1	指标显示	IF [path]=1 THEN '销售额:' END
2	销售额显示	IF [path]=1 then [销售额] END

步骤 9：将"指标显示"字段和"销售额显示"字段拖至"标签"，并右键单击"指标显示"字段→选择"属性"。由于扩充数据用来作指针以及刻度盘，导致视图右下角提示有 null 值，这些 null 值并不影响实际的业务数据，可以右键单击该提示选择"隐藏指示器"。再按需求调整视图的其他细节后得到图 2-40。

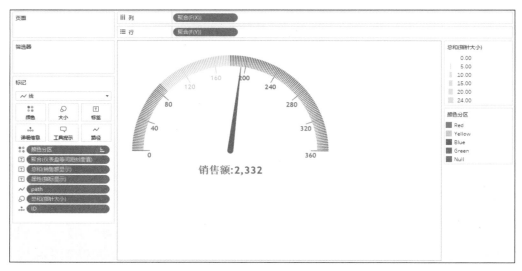

图2-40 数据仪表盘

步骤 10：最后将与数据仪表盘交互的控件显示出来并进行交互。右键单击"月份"字段选择"显示筛选器"；右键单击"仪表盘刻度控制"参数选择"显示参数控件"；右键单击"角度控制"参数选择"显示参数控件"。可以通过选择"月份"筛选器来查看某个月的具体的销售额数值，也可以改变"仪表盘刻度"和"角度参数"控件的内容来调节图形的样式。例如依次选择"月份"为7月→"仪表盘刻度"为40→"角度控制"为360后得到如图2-41所示的数据仪表盘。

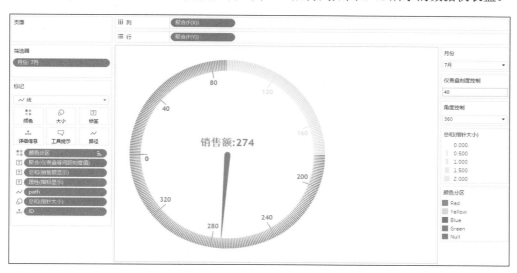

图2-41 数据仪表盘交互

2.4 雷达图的3种制作方法

雷达图又称为戴布拉图、蜘蛛网图。最早应用在财务分析报表中反映各项财务指标的趋向，后来也被应用在其他领域。雷达图的基本样式如图2-42所示。

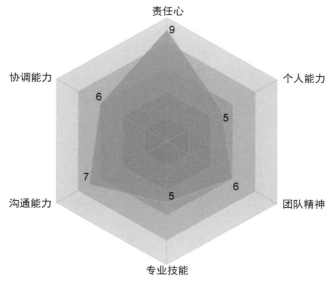

图2-42 雷达图示例

雷达图可以将多个指标集中规划在一个圆形的图表上,用来反映该组数据的特征。它主要应用在分析企业的生产性、安全性、收益性、成长性和流动性等 5 个方面。对企业财务状态、经营现状和员工能力进行直观、形象的综合分析与评价。

制作雷达图的核心思路同样也是围绕圆的直角坐标方程 $X=R×\cos\theta$、$Y=R×\sin\theta$,其中 θ 代表 N 边形的内角,N 取决于指标的个数。

2.4.1 特定业务数据结构的雷达图

业务数据需要更改成不方便录入数据的特定结构,不利于扩展但雷达图的显示效果比较完美,制作过程如下所示。

步骤 1:在 Tableau 中,本例所需的数据结构如表 2-16 所示 (本例为六边形)。

表2-16   半径＋圆环＋业务数据

类别	path	圆环编码	度数编码	半径长度	指标名称	值
半径	1					
半径	2		0	10	责任心	
半径	3					
半径	4		1	10	个人能力	
半径	5					
半径	6		2	10	团队精神	
半径	7					
半径	8		3	10	专业技能	
半径	9					
半径	10		4	10	沟通能力	
半径	11					
半径	12		5	10	协调能力	
圆环	1	Ring1	0	2		
圆环	1	Ring2	0	4		
圆环	1	Ring3	0	6		
圆环	1	Ring4	0	8		
圆环	1	Ring5	0	10		
圆环	2	Ring1	1	2		
圆环	2	Ring2	1	4		
圆环	2	Ring3	1	6		
圆环	2	Ring4	1	8		
圆环	2	Ring5	1	10		
圆环	3	Ring1	2	2		
圆环	3	Ring2	2	4		

类别	path	圆环编码	度数编码	半径长度	指标名称	值
圆环	3	Ring3	2	6		
圆环	3	Ring4	2	8		
圆环	3	Ring5	2	10		
圆环	4	Ring1	3	2		
圆环	4	Ring2	3	4		
圆环	4	Ring3	3	6		
圆环	4	Ring4	3	8		
圆环	4	Ring5	3	10		
圆环	5	Ring1	4	2		
圆环	5	Ring2	4	4		
圆环	5	Ring3	4	6		
圆环	5	Ring4	4	8		
圆环	5	Ring5	4	10		
圆环	6	Ring1	5	2		
圆环	6	Ring2	5	4		
圆环	6	Ring3	5	6		
圆环	6	Ring4	5	8		
圆环	6	Ring5	5	10		
圆环	7	Ring1	6	2		
圆环	7	Ring2	6	4		
圆环	7	Ring3	6	6		
圆环	7	Ring4	6	8		
圆环	7	Ring5	6	10		
Felix	1		0	9		9
Felix	2		1	6		6
Felix	3		2	7		7
Felix	4		3	5		5
Felix	5		4	7		7
Felix	6		5	8		8
Felix	7		0	9		
wind	1		0	9		9
wind	2		1	5		5
wind	3		2	6		6
wind	4		3	5		5

续表

类别	path	圆环编码	度数编码	半径长度	指标名称	值
wind	5		4	7		7
wind	6		5	6		6
wind	7		0	9		

步骤 2：通过数据源界面将表 2-16 导入 Tableau 中。

步骤 3：所需创建的计算公式如表 2-17 所示。

表2-17　　　　　　　　　　　　　　　雷达图所需计算字段

编号	字　　段	计　算　公　式
1	X	IFNULL(COS([度数编码]*2*PI()/6)*[半径长度],0)
2	Y	IFNULL(SIN([度数编码]*2*PI()/6)*[半径长度],0)

步骤 4：将"X"字段拖至"行"，"Y"字段拖至"列"，"类别"字段、"圆环编码"字段拖至"颜色"，"指标名称"字段、"值"字段拖至"标签"并右键单击"指标名称"字段将其改为"属性"。左键单击"标签"勾选"允许标签覆盖其他标记"，"标记"选择"线"并将"path"字段拖至"路径"后得到图 2-43。

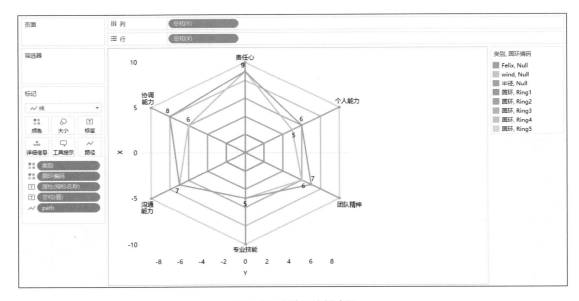

图2-43　雷达图绘制过程

步骤 5：完善图形的细节。右键单击视图中"X"字段的坐标轴依次选择"编辑轴"→"固定"→设置"固定开始"为 -11.1、"固定结束"为 11.1，并对"Y"字段的坐标轴进行同样的操作后，隐藏两个坐标轴得到图 2-44（可以将"标记"中的"线"改为"多边形"，此时视图会自动填充雷达图的背景区域和实际业务指标所围成的区域得到雷达图样式，如图 2-42 所示）。

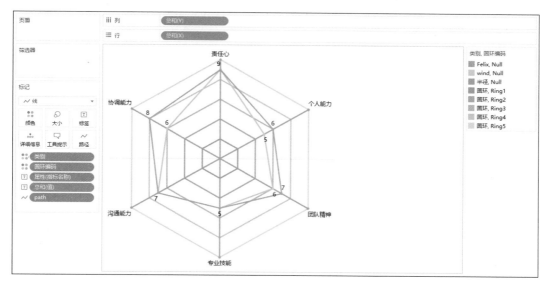

图2-44　雷达图

2.4.2　业务数据结构略作改动的雷达图

保证业务数据结构不变，多复制其中一列指标用作雷达图闭合路径的连线起点，并且雷达图的背景区域需要单独绘制后当作图片插入使用。该方法虽然方便录入数据，但图形效果不是很完美并且背景雷达图不会跟随业务数据的刷新而自动更新，制作过程如下所示。

步骤 1：在 Tableau 中，本例所需的数据结构如表 2-18 所示。

表2-18 　　　　　　　　　　　　　　　　模拟员工综合能力评价数据

员工姓名	起点	个人能力	团队精神	专业技能	沟通能力	协调能力	责任心
Felix	6	6	7	5	7	8	9
wind	5	5	6	5	7	6	9

步骤 2：将表 2-18 导入 Tableau 中→选中所有的度量列→并对其右键单击选择"数据透视表"→将多列度量值合并成一个包含各类指标名称的维度字段和一个各指标具体数值的度量字段。

步骤 3：所需创建的计算公式如表 2-19 所示。

表2-19 　　　　　　　　　　　　　　　　雷达图所需计算字段

编号	字　　段	计　算　公　式
1	index	`INDEX()`
2	X	`COS([index]*2*PI()/WINDOW_MAX(INDEX()-1))*(AVG([指标值])-1)`
3	Y	`SIN([index]*2*PI()/WINDOW_MAX(INDEX()-1))*(AVG([指标值])-1)`
4	背景图 X	`COS([index]*2*PI()/6)*10`
5	背景图 Y	`SIN([index]*2*PI()/6)*10`

6	背景指标标签	`IF ( [index] )=1 then NULL`
		`ELSE ATTR([指标])`
		`end`

　　步骤 4：制作背景雷达图。将"背景图 X"字段拖至"行","背景图 Y"字段拖至"列","指标"字段拖至"详细信息","标记"选择"多边形"并将"index"字段拖至"路径"后得到图 2-45。

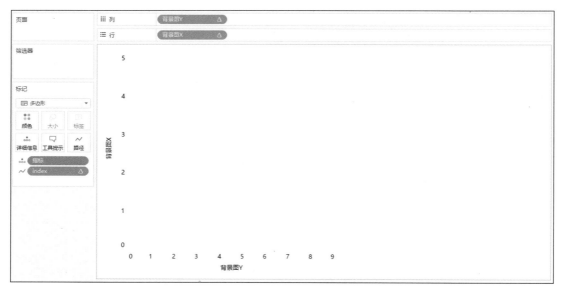

图 2-45　背景雷达图绘制过程

　　步骤 5：右键单击"行"上的"背景图 X"字段,选择"编辑表计算"→按图 2-46 所示设置"嵌套计算"的"计算依据"后,对"列"上的"背景图 Y"字段也按图 2-46 所示执行同样的操作。

图 2-46　"背景图 X""背景图 Y"字段的"计算依据"设置

　　步骤 6：右键单击视图中的"背景图 X"字段,依次选择"编辑轴"→"固定"→设置"固定开始"为 -11.1、"固定结束"为 11.1,并对"背景图 Y"字段的坐标轴进行同样的操作。左键单击"颜色"依次选择合适的颜色→更改"不透明度"→加上"边界"颜色后得到图 2-47。

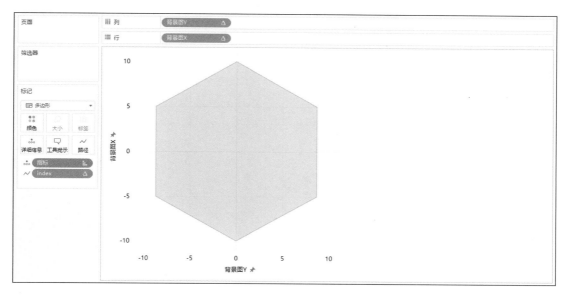

图2-47 背景雷达图锥形

步骤7：为背景雷达图添加标签。按 <Ctrl> 加鼠标左键单击复制一个"背景图 X"字段拖至"行"上原本"背景图 X"字段的右边，其余的操作均针对该字段："标记"选择"线"，将"背景指标标签"字段拖至"标签"→右键单击选择"计算依据"为"指标"字段，右键单击"详细信息"中的"指标"字段依次选择"排序"→选择"手动"→将数据源中复制的列"起点"与被复制的列"个人能力"分别排在首尾。

步骤8：右键单击"行"上最右边的"背景图 X"字段并选择"双轴"→并右键单击视图中该字段所在的坐标轴并选择"同步轴"。隐藏两个坐标轴并去掉视图中多余的线，调节"标签"中的"字体"后得到完善的背景雷达图，如图 2-48 所示。

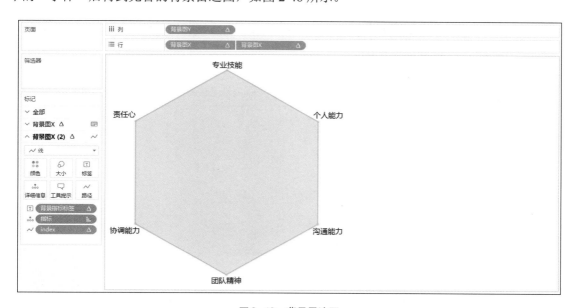

图2-48 背景雷达图

步骤9：依次选择工具菜单栏中的"工作表"→选择"导出"→"图像"→并选择"保存"。

步骤 10：背景雷达图绘制好后，新建工作表将"X"字段拖至"行"，"Y"字段拖至"列"，"员工姓名"字段拖至"颜色"。"指标"字段拖至"详细信息"并右键单击该字段，依次选择"排序"→"手动"→将数据源中复制的列"起点"与被复制的列"个人能力"分别排在首尾。"标记"选择"线"并将"index"字段拖至"路径"。分别将"行"与"列"上的"X"和"Y"字段的"计算依据"设置为"指标"字段后得到图 2-49。

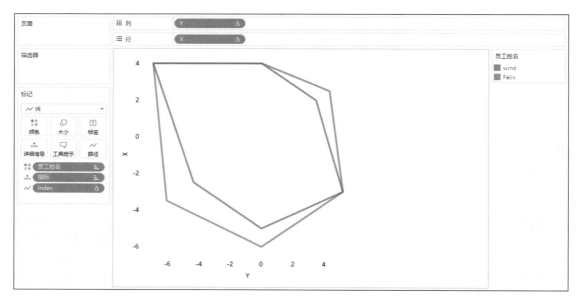

图2-49   业务数据轮廓

步骤 11：选择工具菜单栏中的"地图选项"→选择该工作表→选择"添加图像"→单击"浏览"导航到保存背景雷达图的图片地址→按图 2-50 所示设置"X 字段"和"Y 字段"。

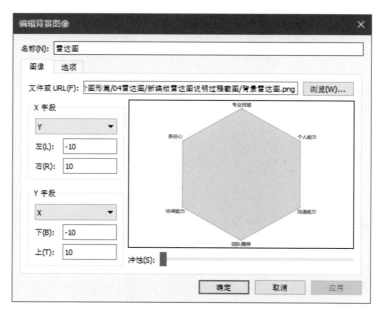

图2-50   添加背景雷达图图片

步骤 12：最后完善图形，隐藏两个坐标轴后得到如图 2-51 所示的雷达图。

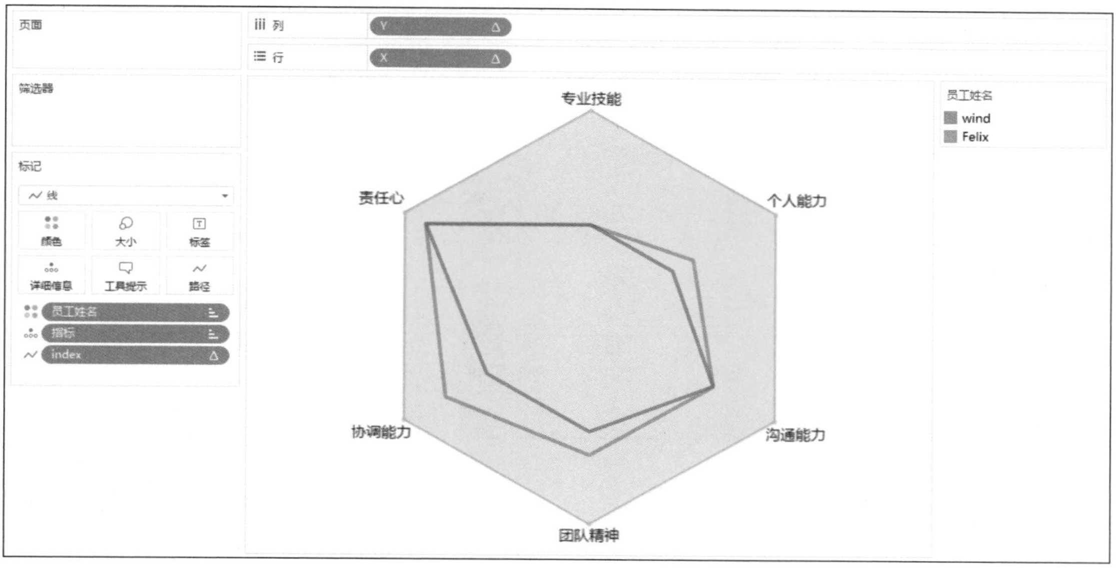

图2-51 雷达图

2.4.3 随业务数据自动更新的雷达图

基于 2.4.2 中业务数据略作改动的基础上，再多加一个辅助扩充数据，将 2.4.1 与 2.4.2 两种方法中的优点进行结合。该图实现既能按业务数据的常规结构录入数据，又能保障图形随业务数据自动更新并且外形美观（由于该方法将数据翻倍，在实际业务数据量庞大或追求极佳响应性能的场合中请考虑慎用该方法）。具体步骤如下所示。

步骤 1：在 Tableau 中，本例所需的数据结构除了表 2-18 外还需要表 2-20。

表 2-20 辅助扩充数据

扩　　充
0
1
2
3
4

步骤 2：将表 2-18、表 2-20 导入 Tableau 中，其中将表 2-18 作为左表，通过创建相同的"Link"字段与表 2-20 做"内部"连接。连接两张表之后按 2.4.2 中处理数据的方法对多列指标做"数据透视表"，具体连接数据以及处理数据的方式如图 2-52 和图 2-53 所示。

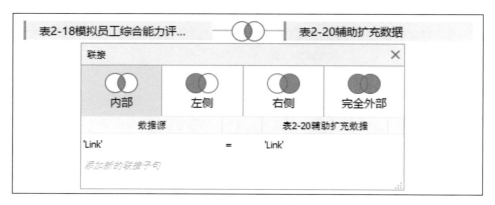

图2-52　连接数据

Abc	#	#	#	▾ #	#	#	#
表2-18模拟员工综合	表2-18模拟...	表2-18模拟员工综...	表2-18模拟员工...	表2-18模拟员工...	表2-18模拟员工...	表2-18模拟员工综...	表2-18模拟员...
员工姓名	起点	个人能力	团队精神		能力	协调能力	责任心
wind	5	5		重命名	7	6	9
Felix	6	6		复制值	7	8	9
wind	5	5		隐藏	7	6	9
Felix	6	6		创建计算字段…	7	8	9
wind	5	5	6	数据透视表	7	6	9
Felix	6	6	7	合并不匹配的字段	7	8	9
wind	5	5	6	5	7	6	9
Felix	6	6	7	5	7	8	9

图2-53　创建"数据透视表"

步骤 3：所需创建的计算公式如表 2-21 所示。

表2-21　　　　　　　　　　　　　　　　**雷达图所需计算字段**

编号	字　　段	计　算　公　式
1	Index	`INDEX()`

2	X	`CASE ATTR([扩充])`
		`when 0 then`
		`COS([Index]*2*PI()/WINDOW_MAX(INDEX()-1))*(SUM([值])/10)*4`
		`when 1 then`
		`COS([Index]*2*PI()/WINDOW_MAX(INDEX()-1))*2`
		`when 2 then`
		`COS([Index]*2*PI()/WINDOW_MAX(INDEX()-1))*3`
		`when 3 then`
		`COS([Index]*2*PI()/WINDOW_MAX(INDEX()-1))*4 END`

编号	字　段	计 算 公 式
3	Y	CASE ATTR([扩充]) when 0 then SIN([Index]*2*PI()/WINDOW_MAX(INDEX()-1))*(SUM([值])/10)*4 when 1 then SIN([Index]*2*PI()/WINDOW_MAX(INDEX()-1))*2 when 2 then SIN([Index]*2*PI()/WINDOW_MAX(INDEX()-1))*3 when 3 then SIN([Index]*2*PI()/WINDOW_MAX(INDEX()-1))*4 END
4	值标签	if ([扩充])=0 then [值] end
5	指标标签	IF (LOOKUP(ATTR([员工姓名]),0)='Felix') and ATTR([扩充])=3 then ATTR(IF [指标]='起点' then null else[指标] END) ELSEIF (LOOKUP(ATTR([员工姓名]),0)='wind') and ATTR([扩充])=3 then ATTR(IF [指标]='起点' then null else[指标] END)end

步骤 4：将"扩充"字段拖至"颜色"，"员工姓名"字段、"指标"字段拖至详细信息，"标记"选择"多边形"并将"Index"字段拖至"路径"。再将"X"字段拖至"行"，"Y"字段拖至"列"，并分别右键单击两个字段设置"计算依据"为"指标"后得到图 2-54。

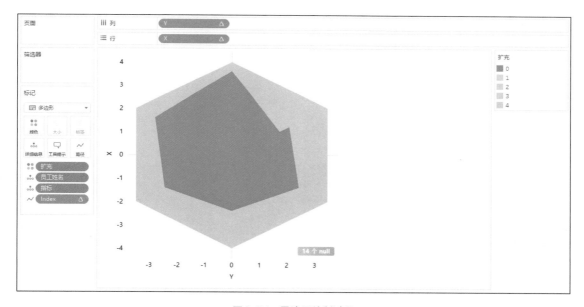

图2-54　雷达图绘制过程

步骤 5：右键单击"详细信息"中的"指标"字段依次选择"排序"→选择"手动"→将数据源中复制的列"起点"与被复制的列"个人能力"分别排在首尾，具体设置如图 2-55 所示。

步骤 6：<Ctrl> 加鼠标左键单击复制一个"X"字段拖至"行"上原本"X"字段的右边，其余的操作均针对该字段：将"标记"选择"线"，左键单击"颜色"中的"扩充"字段将其改为"路径"，分别将"指标标签"字段、"值标签"字段拖至"标签"依次选择"标签"→"全部"→"允许标签覆盖其他标记"。右键单击视图中"X"字段的坐标轴依次选择"双轴"→"同步轴"，并分别右键单击"X"字段与"Y"字段的坐标轴依次选择"编辑轴"→"固定"→将"固定开始"设置为 −5、"固定结束"设置为 5,最后隐藏两个坐标轴并调整颜色和字体等细节后得到图 2-56。

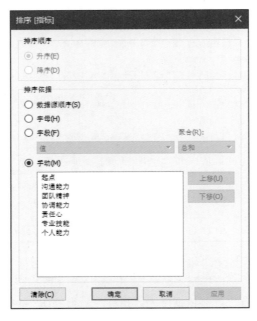

图 2-55   "指标"字段"排序"设置

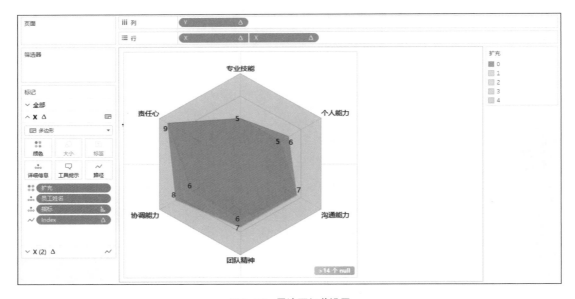

图 2-56   雷达图细节设置

步骤 7:此时雷达图的半径与圆心的连线处于断开状态,并且视图中右下角有 null 值的提示。这是由于连接的辅助数据将原业务数据扩充了 5 倍,扩充的数据中一倍业务数据本身用作绘制实际的指标值区域,其余 3 倍数据用来绘制雷达图的背景轮廓,而这最后的一倍数据没有实际参与到计算中但并非多余。当我们左键单击 null 值提示→选择"在默认位置显示数据",而 Tableau 恰好将这些 null 值显示在 0 处即圆心,具体设置如图 2-57 所示。

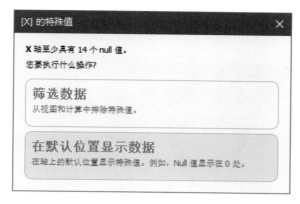

图2-57　null值处理

步骤 8：通过步骤 7 的操作即可完成半径与圆心的连线并得到最终的视图，如图 2-58 所示。

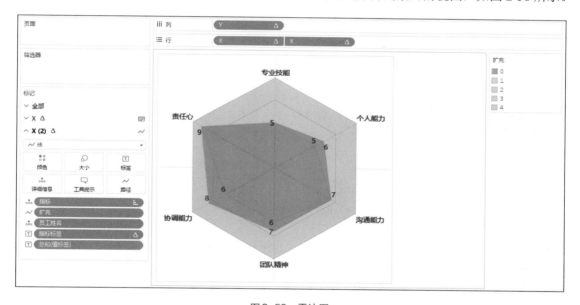

图2-58　雷达图

2.5　漏斗图的3种制作方法

　　漏斗图因其外形与我们日常生活中的漏斗相似而得名，通常也被称作倒三角图。漏斗图的基本样式如图 2-59 所示。

　　一般漏斗图所呈现的数据分为特定的几个阶段，每个阶段都是整体业务流程的一部分，从一个阶段到另一个阶段所反映的数据按降序排列。漏斗图适用于业务流程比较规范、周期较长、环节较多的场景，例如以电商为代表的网站、营销推广、客户关系管理等。通过各环节数据的比较，可以很直观地发现问题所在，进而做出决策。

　　在 Tableau 中漏斗图的制作过程只需要对基本图形略作改动即可实现，核心思想是让流程中的每个环节按具体数值的降序分布。

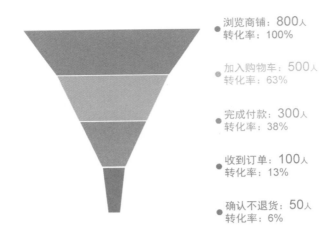

图2-59　漏斗图示例

2.5.1　条形漏斗图

用堆叠的条形图来模拟漏斗图，具体制作过程如下所示。

步骤 1：在 Tableau 中，本例所需的数据结构表 2-22 所示。

表2-22　　　　　　　　　　　　　　**模拟电商网购流程数据**

店铺	浏览商铺	加入购物车	完成付款	收到订单	确认不退货
XX智能家电	800	500	300	100	50
XX零食铺	1000	750	500	250	0

步骤 2：通过数据源界面将表 2-22 导入 Tableau 中，并对多列指标字段做"数据透视表"使其形成一列维度"流程"字段及一列度量"人数"字段。

步骤 3：在 Tableau 中本例所需创建的计算公式如表 2-23 所示。

表2-23　　　　　　　　　　　　　　**漏斗图所需计算字段**

编号	字　段	计　算　公　式
1	转化率	(ZN(SUM([人数])) - LOOKUP(ZN(SUM([人数])))) / ABS(LOOKUP(ZN(SUM([人数]))))+1

步骤 4：将"流程"字段分别拖至"颜色"和"标签"中并分别右键单击该字段，依次选择"排序"→按图 2-60 所示对"聚合"方式为"总计"的"人数"字段→选择"降序"排序。

步骤 5：将"人数"字段拖至"大小"，"转化率"字段拖至"标签"→右键单击设置"计算依据"为"流程"字段→设置计算"相对于"流程内容中的"浏览商铺"。"店铺"字段拖至"列"，人数字段拖至"行"→右键单击选择"快速表计算"→"合计百分比"→设置该字段的"计算依据"为"流程"。"标记"选择"条形图"并调整视图的颜色、字体等细节后得到图 2-61。

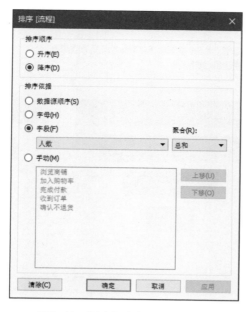

图2-60 "流程"字段"排序"设置

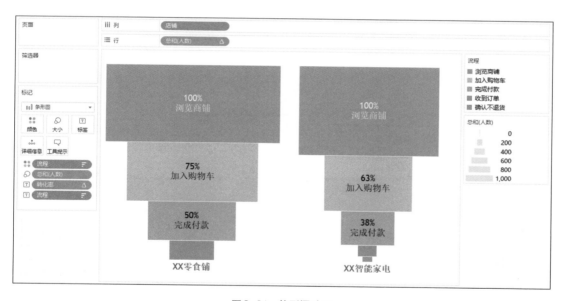

图2-61 柱形漏斗图

2.5.2 同色区域漏斗图

同色区域漏斗图外形更接近实际生活中所使用的漏斗,但无法为不同的流程内容匹配不同的颜色,具体制作过程如下所示。

步骤 1:本例所需的数据结构如表 2-22 所示,数据连接及处理的方式与 2.5.1 中步骤 2 的方式一致。

步骤 2:将"店铺"字段拖至"列","流程"字段拖至"行"→右键单击该字段→选择"人数"字段的"总和"→选择"降序"排序。将"人数"字段拖至"列",再拖一个"人数"字段至"列"

上原本"人数"字段的左边→双击该字段为其添加负号后得到图 2-62。

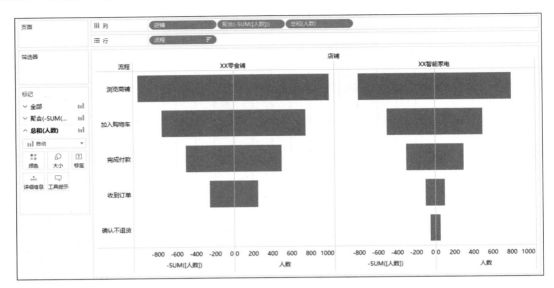

图2-62　漏斗图绘制过程

步骤 3：将"店铺"字段拖至"标记"中"全部"字段所在的"颜色"中，将 2.5.1 中表 2-23 所创建的"转化率"字段拖至"列"上最右边"人数"字段所在的"标签"中→右键单击该字段将"计算依据"设置为"流程"字段→设置计算"相对于"流程内容中的"浏览商铺"。将"标记"中"全部"字段的图形改为"区域"，调整视图的字体、颜色等细节后得到如图 2-63 所示的同色区域漏斗图。

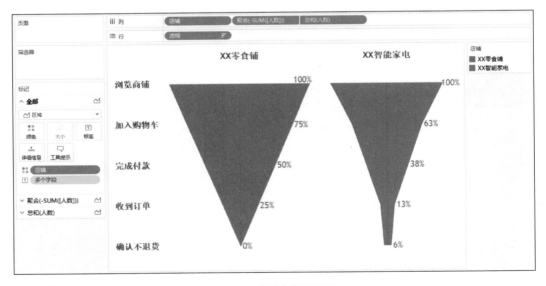

图2-63　同色区域漏斗图

2.5.3　不同流程标记不同颜色的区域漏斗图

升级优化了 2.5.2 中的同色区域漏斗图绘制的方法，为不同的流程内容标记不同的颜色加以明显区分每个环节的指标表现情况，制作过程如下。

步骤1：本例所需的数据结构如表2-22，数据连接及处理的方式与2.5.1中步骤2的方式一致。

步骤2：在 Tableau 中所需创建的计算公式如表 2-24 所示。

表2-24　　　　　　　　　　　　　　　　　　　　漏斗图所需计算字段

编号	字　　段	计　算　公　式
1	浏览商铺人数	IF ATTR([流程])='浏览商铺' or LOOKUP(ATTR([流程]),-1)='浏览商铺' then SUM([人数])end
2	加入购物车	IF ATTR([流程])='加入购物车' or LOOKUP(ATTR([流程]),-1)='加入购物车' then SUM([人数])end
3	完成付款	IF ATTR([流程])='完成付款' or LOOKUP(ATTR([流程]),-1)='完成付款' then SUM([人数])end
4	收到订单	IF ATTR([流程])='收到订单' or LOOKUP(ATTR([流程]),-1)='收到订单' then SUM([人数])end
5	确认不退货	IF ATTR([流程])='确认不退货' or LOOKUP(ATTR([流程]),-1)='确认不退货' then SUM([人数])end
6	一浏览商铺人数	一(IF ATTR([流程])='浏览商铺' or LOOKUP(ATTR([流程]),-1)='浏览商铺' then SUM([人数])end)
7	一加入购物车	一(IF ATTR([流程])='加入购物车' or LOOKUP(ATTR([流程]),-1)='加入购物车' then SUM([人数])end)
8	一完成付款	一(IF ATTR([流程])='完成付款' or LOOKUP(ATTR([流程]),-1)='完成付款' then SUM([人数])end)
9	一收到订单	一(IF ATTR([流程])='收到订单' or LOOKUP(ATTR([流程]),-1)='收到订单' then SUM([人数])end)
10	一确认不退货	一(IF ATTR([流程])='确认不退货' or LOOKUP(ATTR([流程]),-1)='确认不退货' then SUM([人数])end)

步骤3：将"店铺"字段拖至"列"，"流程"字段拖至"行"，"度量值"字段拖至"列"→右键单击该字段选择"筛选器"→筛选出表2-24中所创建的10个字段，再将"度量名称"字段拖至"详细信息"，"标记"选择"区域"后得到图2-64。

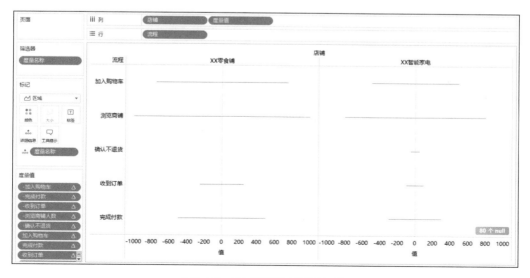

图2-64　同色区域漏斗图绘制过程

　　步骤 4：按住 <Shift> 加鼠标左键单击选中"度量值"区域内的所有字段→右键单击设置"计算依据"为"流程"字段。具体设置过程如图 2-65 所示。

　　步骤 5：右键单击"详细信息"中的"度量名称"字段依次选择"排序"→"手动"，按照实际业务流程中每个环节的顺序排列。具体设置如图 2-66 所示。

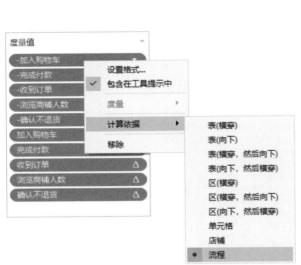

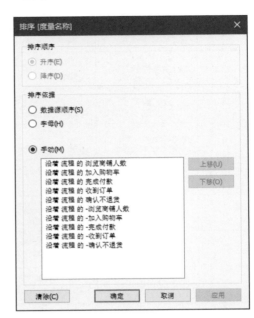

图 2-65　"计算依据"设置过程　　　　　　　　图 2-66　"度量名称"字段"排序"设置

　　步骤 6：右键单击"行"上的"流程"字段依次选择"排序"→按"人数"字段的"总和"进行"降序"排序。选择菜单栏中的"分析"选项依次选择"堆叠标记"→选择"关"后得到图 2-67。

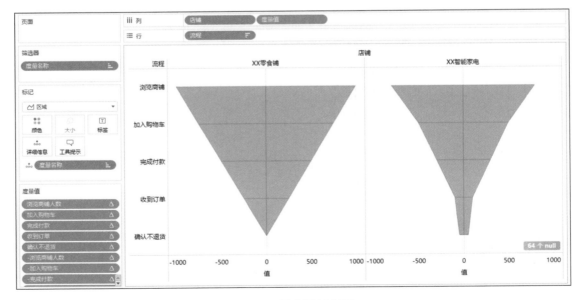

图 2-67　漏斗图绘制过程

　　步骤 7：将"流程"字段拖至"颜色"，右键单击视图右下角的 null 值提示字段选择"隐藏指示器"并调整视图其他细节包括字体、颜色等后得到图 2-68。

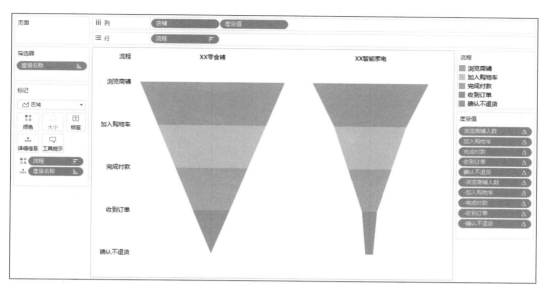

图2-68 同色区域漏斗图

步骤 8：可以根据实际需求，在"列"上添加一个"记录数"字段用来显示一些标签，例如显示"流程"字段、"人数"字段和"转化率"字段等，如图 2-69 所示。

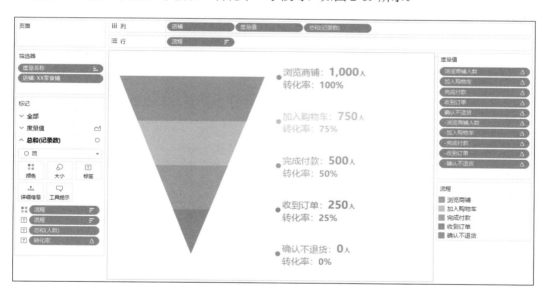

图2-69 同色区域漏斗图附带标签

2.6 桑基图的两种制作方法

桑基图也被称为桑基能量平衡图，由 S 形曲线演化而来，是一种特定类型的流程图。桑基图的基本样式如图 2-70 所示。

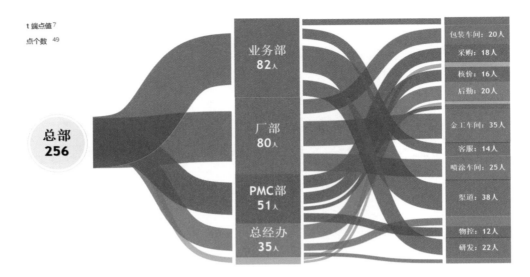

图 2-70　桑基图示例

桑基图在能源、材料成分、金融等领域应用比较广泛，它可直观反映大量信息的组成关系，并具有很强的视觉冲击力。

桑基图应用在需要反映类似能量流动的场景中时，每个分支代表了具体指标数量的大小和流动方向；当其分支不代表具体指标时，也可以用在绘制业务流程或组织架构等场景中。

制作桑基图的核心思路是围绕 Sigmoid 曲线：$S(t)=1/(1+e^{\wedge}-t)$ 展开的。为了匹配实际业务数据，需要加入曲线起点及落点位置得到最终的曲线函数：$F(t)=$ position1+(position2−position1)×$S(t)$。

2.6.1　能量流点线桑基图

每个分支代表了具体业务指标的能量流点线桑基图制作过程如下所示。

步骤 1：在 Tableau 中本例所需的数据结构如表 2-25 和表 2-26 所示。

表 2-25　　　　　　　　　　　　　　　　模拟企业人员分布数据

决　策　层	管　理　层	执　行　层	人　　数
总部	总经办	人事	10
总部	总经办	后勤	20
总部	总经办	运营	5
总部	厂部	金工车间	35
总部	厂部	喷涂车间	25
总部	厂部	包装车间	20
总部	财务部	会计	3
总部	财务部	出纳	5
总部	PMC 部	核价	16
总部	PMC 部	采购	18
总部	PMC 部	计划	5

续表

决 策 层	管 理 层	执 行 层	人 数
总部	PMC部	物控	12
总部	业务部	渠道	38
总部	业务部	OEM	8
总部	业务部	客服	14
总部	业务部	研发	22

表2-26 辅助扩充数据

path	
0	
1	

步骤2：通过数据源界面将表2-25、表2-26导入Tableau中→创建相同的"Link"字段→选择"内部"关联两张表。具体连接方式如图2-71所示。

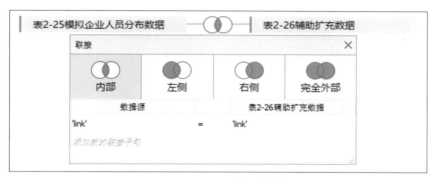

图2-71 Tableau中连接数据

步骤3：所需创建的计算字段如表2-27所示。

表2-27 点线桑基图所需计算字段

编号	字 段	计 算 公 式
1	t	(INDEX()-(WINDOW_MAX(MAX([点数]))+1)/2)*2*[t 端点值]/(WINDOW_MAX(MAX([点数]))-1)
2	Sigmoid 曲线	1/(1+EXP(1)^-[t])
3	位置1	RUNNING_SUM(SUM([人数]))/TOTAL(SUM([人数]))
4	位置2	RUNNING_SUM(SUM([人数]))/TOTAL(SUM([人数]))
5	F(t)	[位置1]+([位置2]-[位置1])*[Sigmoid 曲线]
6	new path	CASE [path] WHEN 0 then 1 WHEN 1 then [点数]
7	Size	RUNNING_AVG(SUM([人数]))

步骤 4：对应表 2-27 创建参数"点数"和"t 端点值"，将其应用在字段"t"、"Sigmoid 曲线"和"new path"中。"点数"决定了曲线的一条分支从起点到终点之间共有多少个点，"t 端点值"决定了 Sigmoid 函数的长度。一般取"点数"为 49 时曲线比较圆滑，"t 端点值"为 6 时曲线长度比较合适。具体参数的设置如图 2-72 和图 2-73 所示。

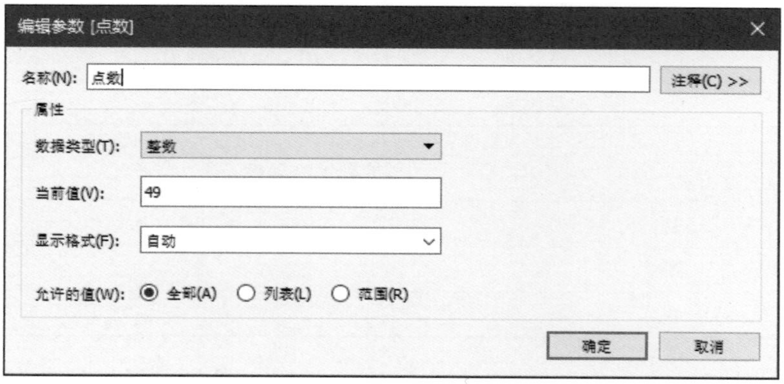

图2-72 "点数"参数设置

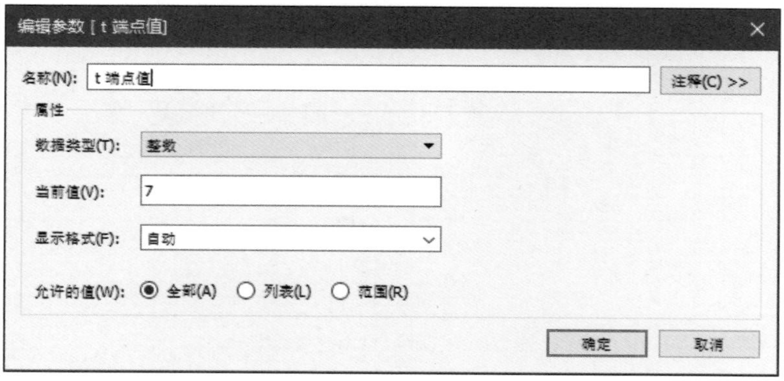

图2-73 "t端点值"参数设置

步骤 5：右键单击"new path"字段依次选择"创建数据桶"→"数据桶大小"设置为 1。具体设置如图 2-74 所示。

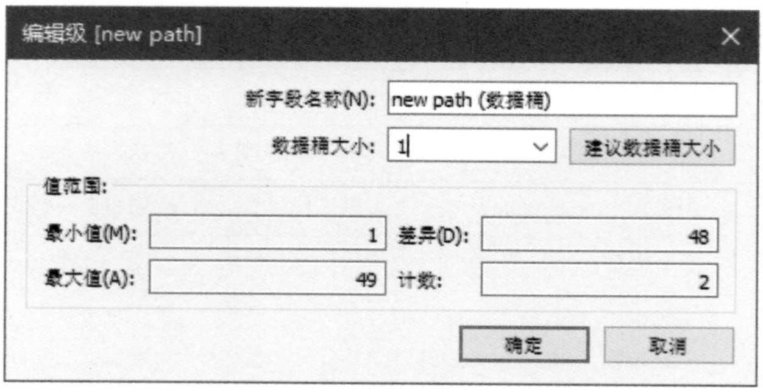

图2-74 "new path（数据桶）"设置

步骤 6：绘制"决策层"与"管理层"之间的连线。将"F(t)"字段拖至"行"，"t"字段拖至"列"，"管理层"字段拖至"颜色"，"决策层"字段拖至"详细信息"，"标记"选择"线"并将"new path（数据桶）"字段拖至"路径"，"Size"字段拖至"大小"后得到图 2-75。

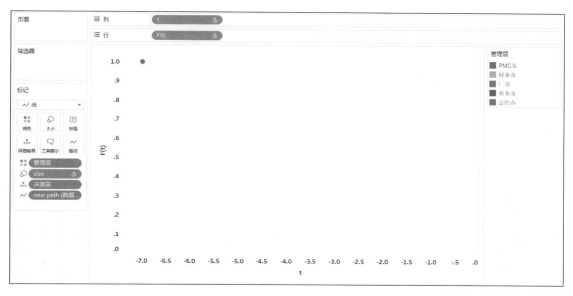

图2-75 初步绘制"决策层"与"管理层"连线

步骤 7：右键单击"行"上"F(t)"字段依次选择"编辑表计算"→按图 2-76 和图 2-77 所示设置"嵌套计算"的"计算依据"。

图2-76 "F(t)"字段中"位置1""位置2"字段的计算依据设置

步骤 8：右键单击"列"上的"t"字段依次选择"编辑表计算"→按图 2-78 所示设置"计算依据"。设置好计算依据后得到图 2-79。

图2-77 "F(t)"字段中"t"字段的计算依据设置

图2-78 "t"字段的计算依据设置

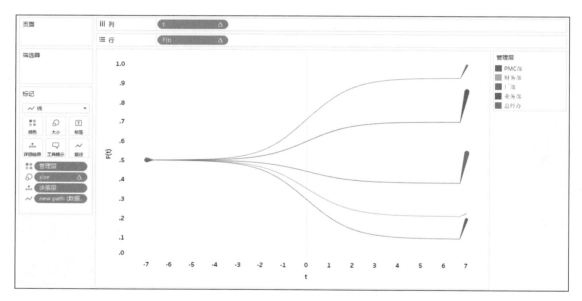

图2-79 "决策层"与"管理层"连线

步骤 9：右键单击"大小"里的"Size"字段选择"计算依据"为"new path（数据桶）"字段。右键单击"颜色"中的"管理层"字段并依次选择"排序"→按聚合方式为"总和"的"人数"字段"降序"排序。右键单击视图中"F(t)"字段的坐标轴依次选择"编辑轴"→"固定"→"固定开始"设置为 0、"固定结束"设置为 1 →选择"倒序"。右键单击视图中"t"字段的坐标轴依次选择"编辑轴"→"固定"→"固定开始"设置为 -5、"固定结束"设置为 5。调整"标记"选项中的"大小"后得到图 2-80。

图2-80 完善"决策层"与"管理层"连线

步骤10：新建工作表绘制"管理层"与"执行层"的连线。将"F(t)"字段拖至"行"，"t"字段拖至"列"，"管理层"字段拖至"颜色"，"决策层"和"执行层"字段拖至"详细信息"，"标记"选择"线"并将"new path（数据桶）"字段拖至"路径"，"Size"字段拖至"大小"后得到图 2-81。

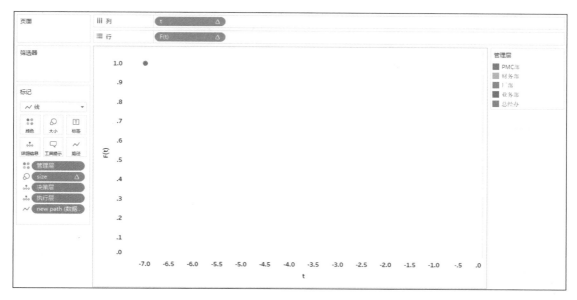

图2-81 初步绘制"管理层"与"执行层"连线

步骤11：右键单击"行"上"F(t)"字段依次选择"编辑表计算"→按图 2-82 和图 2-83 所示设置"嵌套计算"的"计算依据"。

图2-82   "F(t)"中"位置1""位置2"字段的计算依据设置

步骤 12：右键单击"列"上的"t"字段依次选择"编辑表计算"→按图 2-84 所示设置"计算依据"。设置完相应字段的"计算依据"后，得到图 2-85。

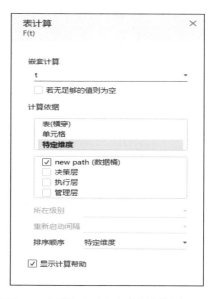

图2-83   "F(t)"中"t"字段的计算依据设置

图2-84   "t"字段的计算依据设置

步骤 13：右键单击"大小"里的字段"Size"选择"计算依据"为"new path（数据桶）"。右键单击"颜色"中的"管理层"字段依次选择"排序"→按聚合方式为"总和"的"人数"字段"降序"排序。右键单击视图中"F(t)"字段的坐标轴依次选择"编辑轴"→"固定"→"固定开始"设置为 0、"固定结束"设置为 1 →选择"倒序"。右键单击视图中"t"字段的坐标轴依次选择"编辑轴"→"固定"→"固定开始"设置为 -5、"固定结束"设置为 5。调整"标记"选项中的"大小"后得到图2-86。

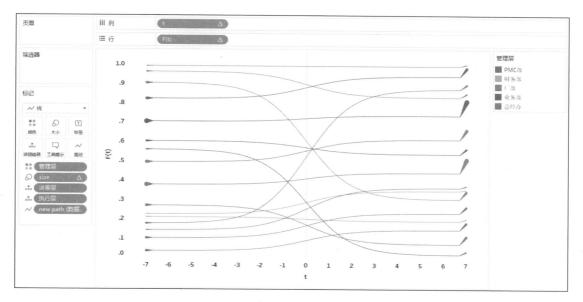

图2-85 "管理层"与"执行层"连线

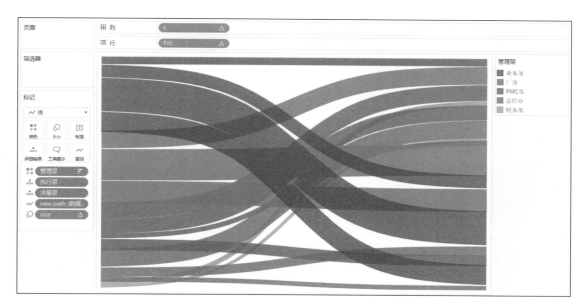

图2-86 完善"管理层"与"执行层"连线

步骤 14：新建工作表添加连接曲线的柱图，先做"管理层"的柱图。将"人数"字段拖至"行"→右键单击该字段依次选择"快速表计算"中的"总额百分比"→"计算依据"选择"表（横穿）"。"管理层"字段拖至"颜色"→按"人数"字段"降序"排序。"决策层"字段拖至"详细信息"，右键单击视图中"人数"字段的坐标轴并依次选择"编辑轴"→"固定"→"固定开始"设置为0、"固定结束"设置为1后得到图2-87。

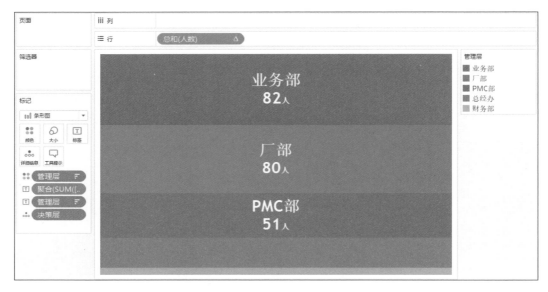

图2-87 "管理层"柱图

步骤 15：新建工作表绘制"执行层"的柱图。制作步骤与"管理层"的柱图做法类似，区别是放置在"颜色"中的"管理层"字段无须"排序"。做好的"执行层"柱图如图 2-88 所示。

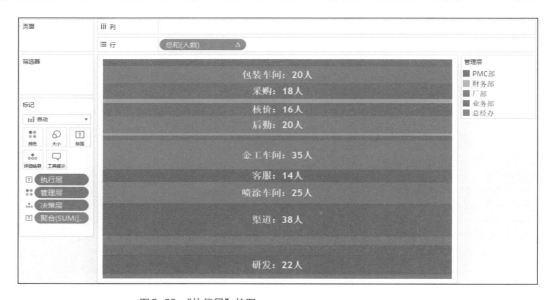

图2-88 "执行层"柱图

步骤 16：因为"决策层"字段只包含一项内容，所以对于该层的制作可按个人喜好来绘制。若"决策层"字段中也包含多项内容，其制作方法与步骤 14 类似。本例中将"决策层"字段拖至"标签"→"标记"选择"圆"即可。将做好的所有图表一同放置在仪表板中，调节美化得到最终的点线桑基图。用户也可以根据实际演示需要，按图 2-89 所示勾选"突出显示"选项中的相关字段。此时选中任意连接图，与之相关的信息会突显，如图 2-90 所示。

图2-89 "突出显示"设置

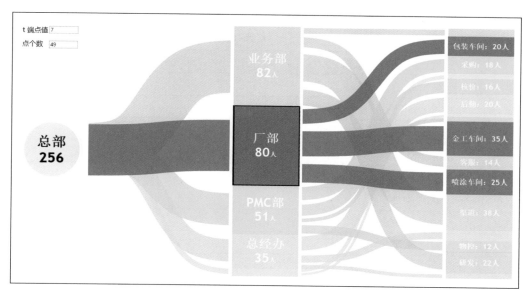

图2-90 最终演示效果

2.6.2 组织架构均分桑基图

分支不代表具体的业务指标，用来描述组织架构的均分桑基图制作过程如下。

步骤1：在 Tableau 中本例所需的数据结构如表 2-28 和表 2-29 所示（表 2-29 扩充 t 分布数据从 −6 到 +6 按 0.25 等间隔排布，由于篇幅有限只展示了部分数据）。

表2-28　　　　　　　　　　　　　　　　模拟企业组织架构数据

决　策　层	管　理　层	执　行　层	ID
总部	总经办	人事	1
总部	总经办	后勤	2
总部	总经办	运营	3
总部	厂部	金工车间	4
总部	厂部	喷涂车间	5
总部	厂部	包装车间	6
总部	财务部	会计	7
总部	财务部	出纳	8
总部	PMC部	核价	9
总部	PMC部	采购	10
总部	PMC部	计划	11
总部	PMC部	物控	12
总部	业务部	渠道	13
总部	业务部	OEM	14
总部	业务部	客服	15
总部	业务部	研发	16

表 2-29   扩充 t 分布数据

t	
−6	
−5.75	
−5.5	
−5.25	
−5	
−4.75	
−4.5	
−4.25	
−4	
−3.75	
−3.5	
−3.25	
−3	
−2.75	
−2.5	
−2.25	

步骤 2：通过数据源界面将表 2-28、表 2-29 导入 Tableau 中→创建相同的"Link"字段→选择"内部"关联两张表。

步骤 3：所需创建的计算公式如表 2-30 所示。

表 2-30   均分桑基图所需计算字段

编号	字　　段	计　算　公　式
1	Sigmoid 曲线	`1/(1+EXP(1)^-[t])`
2	编号 3	`{ FIXED [决策层],[管理层],[执行层]:AVG([ID])}`
3	编号 2	`{ FIXED[决策层],[管理层]:AVG([编号3])}`
4	编号 1	`{ FIXED [决策层]:AVG( [编号2] )}`
5	F(t) 决策层 - 管理层	`AVG([编号2])+(AVG([编号1])-AVG([编号2]))*AVG([Sigmoid 曲线])`
6	F(t) 管理层 - 执行层	`AVG([编号3])+(AVG([编号2])-AVG([编号3])) *AVG([Sigmoid 曲线])`

步骤 4：创建"决策层"与"管理层"的连线。将"t"字段拖至"行","F(t) 决策层—管理层"字段拖至"列","管理层"字段拖至"颜色","决策层""执行层"字段拖至"详细信息","标记"选择"线"并添加所需显示的字段到"标签"后得到图 2-91。

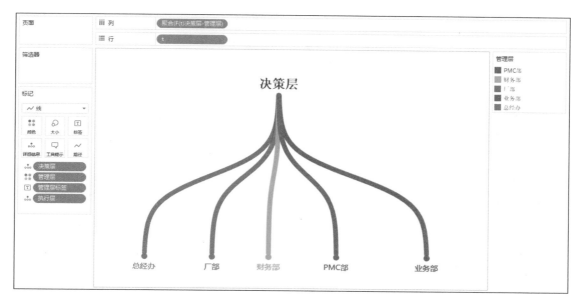

图2-91　"决策层"与"管理层"连线

　　步骤5：创建"管理层"与"执行层"的连线。做法与步骤4类似，将"列"上的字段替换成"F(t)管理层—执行层"字段，标签中的字段更改为当前连线所需展示的字段标签后即可得到图2-92。

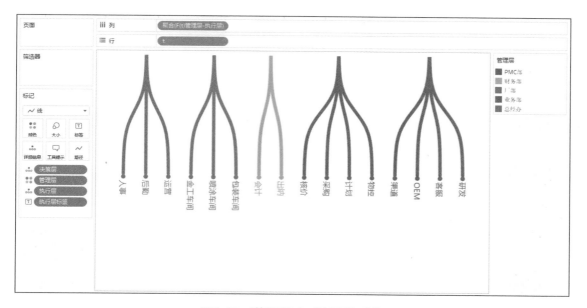

图2-92　"管理层"与"执行层"连线

　　步骤6：将创建好的两个连线表放置在仪表板中，调整视图后得到最终的企业组织架构图如图2-93所示。

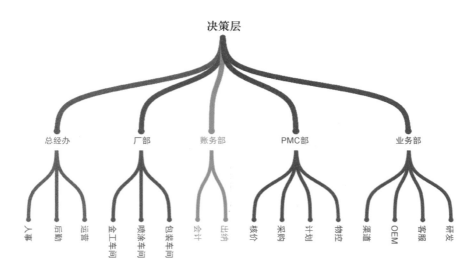

图2-93　组织架构均分桑基图

2.7　南丁格尔玫瑰图

玫瑰花图诞生于 18 世纪 50 年代，它是费洛伦斯·南丁格尔为了减少克里米亚战争中英军伤亡的人数而创造的。玫瑰花图又被称为极区图、鸡冠花图，它实际上是一种圆形的直方图。玫瑰花图的基本样式如图 2-94 所示。

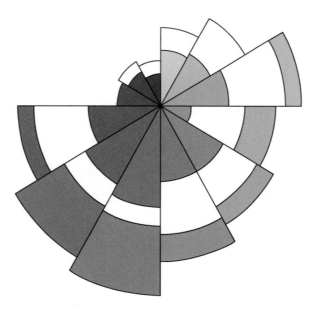

图2-94　玫瑰花图示例

早期由于人们不重视统计分析的结果，使很多有价值的信息被埋没。玫瑰花图给人的第一感觉是很漂亮，它能深深地吸引观看者，从而引导观看者了解数据背后的价值。它所表达的数据意义与直方图类似，反映了一组数据的对比与分布。

玫瑰花图最早应用在医疗、风向测评领域，后来被广泛应用在财务、零售等场景中用来分析随着时间变化的指标分布情况。

制作玫瑰花图的核心思路同样也是围绕圆的直角坐标方程 $X=R\times\cos\theta$、$Y=R\times\sin\theta$ 展开的。其中 R 为圆的半径，本例需匹配具体的指标值。θ 为圆心角，其值为边缘绕圆心走过的角度与相邻两个边缘间，所有的点两两之间组成的小弧段走过圆心的角度相加。

Tableau 中的一个小扇形区域，是将划分在该区域内所有的点按相应计算得出序号的顺序首尾相连形成的，将这些小扇形区域乘以不同的指标值即半径 R 后可得到最终的玫瑰花图。

南丁格尔玫瑰花图的具体制作过程如下所示。

步骤 1：在 Tableau 中本例所需的数据结构如表 2-31 和表 2-32 所示。

表2-31 辅助扩充数据

path	
1	
102	

表2-32 模拟3年销售数据

月　　份	年	销　售　额
1 月	2015 年	6
2 月	2015 年	7
3 月	2015 年	10
4 月	2015 年	2
5 月	2015 年	11
6 月	2015 年	11
7 月	2015 年	20
8 月	2015 年	16
9 月	2015 年	11
10 月	2015 年	4
11 月	2015 年	3
12 月	2015 年	2
1 月	2016 年	12
2 月	2016 年	20
3 月	2016 年	33
4 月	2016 年	15

续表

月　份	年	销　售　额
5月	2016年	26
6月	2016年	32
7月	2016年	28
8月	2016年	26
9月	2016年	34
10月	2016年	0
11月	2016年	5
12月	2016年	4
1月	2017年	0
2月	2017年	0
3月	2017年	42
4月	2017年	28
5月	2017年	36
6月	2017年	47
7月	2017年	70
8月	2017年	59
9月	2017年	43
10月	2017年	0
11月	2017年	0
12月	2017年	0

步骤 2：将表 2-31 和表 2-32 导入 Tableau 中→将表 2-32 作为左表→创建相同的连接字段"link"→选择"内部"关联两张表。具体的连接方式如图 2-95 所示。

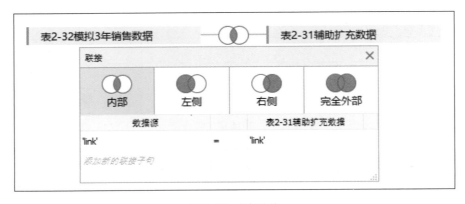

图2-95　数据连接

步骤3：所需创建的计算字段如表2-33所示。

表2-33　　　　　　　　　　　　　　　　玫瑰花图所需计算字段

编号	字　段	计　算　公　式
1	序号	INDEX()
2	边缘	INDEX()
3	边缘角度	([边缘]-1)*(2*PI()/WINDOW_MAX([边缘]))
4	弧上点间距跨越的角度	(([序号]-2)*WINDOW_MAX(2*PI())/(WINDOW_MAX([边缘])*99))
5	半径	WINDOW_MAX(SQRT(AVG([销售额])))
6	X	IIF([序号]=1 or WINDOW_MAX([序号])=[序号],0,COS([边缘角度]+[弧上点间距跨越的角度])*[半径])
7	Y	IIF([序号]=1 or WINDOW_MAX([序号])=[序号],0,SIN([边缘角度]+[弧上点间距跨越的角度])*[半径])
8	指标显示	WINDOW_MAX(AVG([销售额]))

步骤4：右键单击"path"字段依次选择"创建"→"数据桶"→"数据桶大小"设置为1（辅助扩充数据中的102是用来在Tableau中创建数据桶，使得最终的每个扇形由102个点构成。选取102的原因是经过测试该数量的点在Tableau中所绘制的曲线比较光滑），具体设置如图2-96所示。

步骤5：将"X"字段拖至"列"，"Y"字段拖至"行"，"月份"字段拖至"详细信息"，"标记"选择"多边形"并将"path（数据桶）"字段拖至"路径"后得到图2-97。

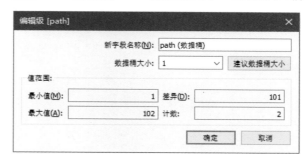

图2-96　"path(数据桶)"字段设置

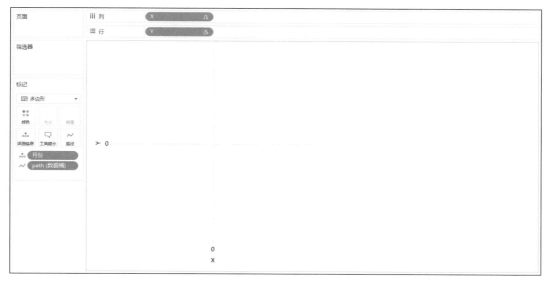

图2-97　玫瑰花图绘制过程

步骤 6：右键单击"列"上的"X"字段依次选择"编辑表计算"→按图 2-98、图 2-99 和图 2-100 所示设置"嵌套计算"的"计算依据"。

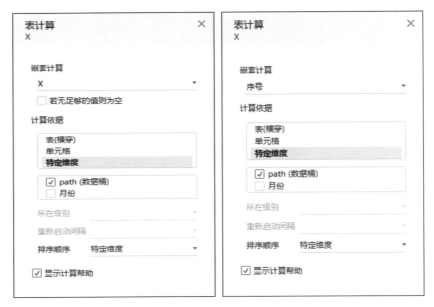

图2-98 "X"字段、"序号"字段的"计算依据"设置

图2-99 "边缘角度"字段、"边缘"字段的"计算依据"设置

步骤 7：右键单击"行"上的"Y"字段对其执行与步骤 6 中"列"上的"X"字段相同的操作步骤后得到图 2-101。

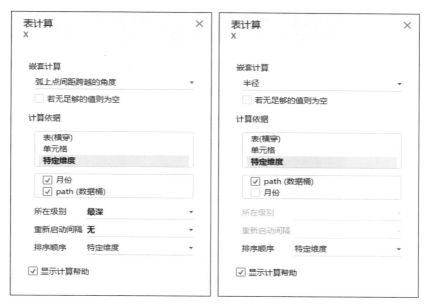

图2-100 "弧上点间距跨越的角度"字段、"半径"字段的"计算依据"设置

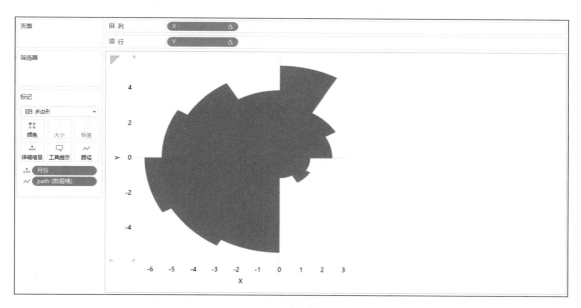

图2-101 玫瑰花图雏形

步骤 8：将"详细信息"中的"月份"字段拖至"颜色"，"年"字段先拖至"详细信息"后左键单击该字段前方代表"详细信息"功能的标记→将其改为"颜色"，按实际需求调节合适的颜色后得图2-102。

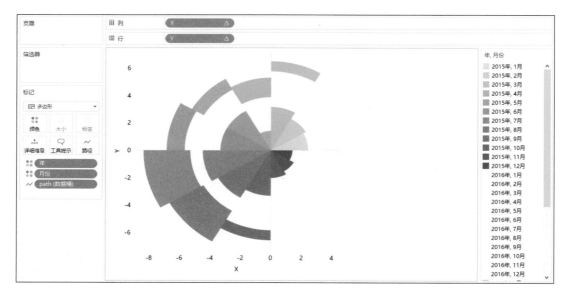

图 2-102　为玫瑰花瓣添加颜色

步骤 9：单击"颜色"→为"边界"设置颜色用来区分玫瑰花图的花瓣，右键单击"月份"字段→按"数据源"顺序的"降序"排序，将"指标显示"字段拖至"工具提示"→选择"计算依据"为"path（数据桶）"字段，修改工具提示的字体、颜色并隐藏视图中的坐标轴后得到图 2-103。

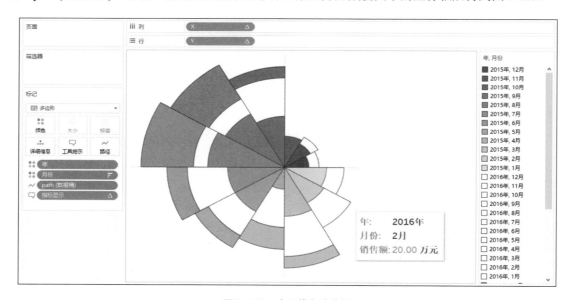

图 2-103　南丁格尔玫瑰图

2.8　径向树图

　　径向树图是环形饼图的一种衍生，因其外形是一圈一圈的圆环，故而又被称为甜甜圈图。其基本样式如图 2-104 所示。

图2-104 径向树图示例

径向树图除了环形饼图所反映的各类别占总体数值大小的分布情况，还可以反映每个类别下，更深层级小分类的具体数值占上一层级总数值的分布情况。它可以应用在零售、金融等领域，用来追踪具有多个层级的产品投入运营后，每个产品的占比及相应产品内各层级细分产品的占比情况。

制作径向树图的核心思路同样也是围绕圆的直角坐标方程：$X=R\times\cos\theta$、$Y=R\times\sin\theta$ 展开。其中 R 为圆的半径，θ 为圆心角的度数。因为径向树图需要用两个圆环连接成一个环形的区域，所以此处的 R 有两个值，分别为外层环的半径及内层环的半径。θ 也有两个值，分别为外层点跨过圆心的角度及内层点跨过圆心的角度。在 Tableau 中将计算得出的上下两个圆环通过一个公共点连接起来，并为每个圆环匹配具体的业务数值来实现最终的径向树图。

径向树图的具体制作方法如下。

步骤 1：在 Tableau 中本例所需的数据结构如表 2-34 和表 2-35 所示。

表2-34 模拟零售产品销售数据

层级	类别	产 品 子 类	销售额	Link
1	饮料	饮料	1500	link
1	食物	食物	900	link
1	水果	水果	2000	link
2	汽水	饮料>汽水	900	link
2	果汁	饮料>果汁	200	link
2	乳制品	饮料>乳制品	400	link
2	苹果	水果>苹果	800	link
2	芒果	水果>芒果	1200	link
2	香肠	食物>香肠	300	link
2	面点	食物>面点	600	link

续表

层级	类别	产 品 子 类	销售额	Link
3	可乐	饮料>汽水>可乐	600	link
3	雪碧	饮料>汽水>雪碧	300	link
3	红富士	水果>苹果>红富士	500	link
3	蛇果	水果>苹果>蛇果	300	link
3	桂七芒	水果>芒果>桂七芒	500	link
3	青皮芒	水果>芒果>青皮芒	700	link
3	面条	食物>面点>面条	300	link
3	包子	食物>面点>包子	200	link
3	馒头	食物>面点>馒头	100	link
4	百事可乐	饮料>汽水>可乐>百事可乐	400	link
4	可口可乐	饮料>汽水>可乐>可口可乐	200	link
4	挂面	食物>面点>面条>挂面	300	link
5	百事330ml	饮料>汽水>可乐>百事可乐>百事330ml	300	link
5	百事600ml	饮料>汽水>可乐>百事可乐>百事600ml	100	link
5	蔬菜挂面	食物>面点>面条>挂面>蔬菜挂面	200	link
5	鸡蛋挂面	食物>面点>面条>挂面>鸡蛋挂面	100	link

表2-35　　　　　　　　　　　　　　　辅助扩充数据

Link	path
link	1
link	203

　　步骤 2：将表 2-34 和表 2-35 导入 Tableau 中，将表 2-34 作为左表、通过 "Link" 字段与表 2-35 做 "内部" 连接。具体的连接方式如图 2-105 所示。

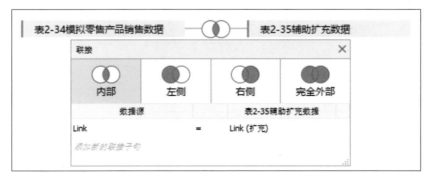

图2-105　数据连接

步骤 3：所需创建的计算字段如表 2-36 所示。

表 2-36 所需计算字段

编号	字　段	计　算　公　式
1	序号	INDEX()
2	最大销售额	WINDOW_MAX(MAX([销售额]))
3	最大层级	WINDOW_MAX(MAX([层级]))
4	分块大小	[最大销售额]/WINDOW_SUM(IIF([最大层级]=1,[最大销售额]/203,0))
5	边界	IF [最大层级] > LOOKUP([最大层级],-1) THEN PREVIOUS_VALUE(0) ELSEIF [最大层级] <= LOOKUP([最大层级],-1) THEN PREVIOUS_VALUE(0) + LOOKUP([分块大小],-1) ELSE　PREVIOUS_VALUE(0) END
6	X	IF([序号]!=WINDOW_MAX([序号]) AND [序号]>=(WINDOW_MAX([序号])+1)/2) THEN ([最大层级]+2.8)* COS(WINDOW_MAX(2*PI())*[边界]+(WINDOW_MAX([序号])-([序号]+1))*WINDOW_MAX(2*PI())*[分块大小]/(100)) ELSEIF([序号]=WINDOW_MAX([序号]) OR [序号]<(WINDOW_MAX([序号])+1)/2) THEN ([最大层级]+2)* COS(WINDOW_MAX(2*PI())*[边界]+ (((IIF([序号]=WINDOW_MAX([序号]), 1,[序号])-1)*WINDOW_MAX(2*PI())*[分块大小]/((((WINDOW_MAX([序号])-1)/2)-1)))))END
7	Y	IF([序号]!=WINDOW_MAX([序号]) AND [序号]>=(WINDOW_MAX([序号])+1)/2) THEN ([最大层级]+2.8)* SIN(WINDOW_MAX(2*PI())*[边界]+ (WINDOW_MAX([序号])-([序号]+1))*WINDOW_MAX(2*PI())*[分块大小]/ ((((WINDOW_MAX([序号])-1)/2)-1))) ELSEIF([序号]=WINDOW_MAX([序号]) OR [序号]<(WINDOW_MAX([序号])+1)/2) THEN ([最大层级] + 2)* SIN(WINDOW_MAX(2*PI())*[边界]+ (((IIF([序号]=WINDOW_MAX([序号]), 1,[序号])-1)*WINDOW_MAX(2*PI())*[分块大小]/(((WINDOW_MAX([序号])-1)/2)-1))))END
8	标签	WINDOW_MAX(MAX([类别]))

步骤 4：右键单击"path"字段依次选择"创建"→"数据桶"→设置"数据桶大小"为 1（辅助扩充数据中的 203 是用来在 Tableau 中创建数据桶，使得最终的上下两层圆环都由 102 个点连成。因为经过测试 102 个点连成的曲线比较光滑）。具体设置如图 2-106 所示。

步骤 5：将"X"字段拖至"行"，"Y"字段拖至"列"，"产品子类"字段、"层级"字段拖至"详细信息"，"标记"选择"多边形"并将"path（数据桶）"字段拖至"路径"后得到图 2-107。

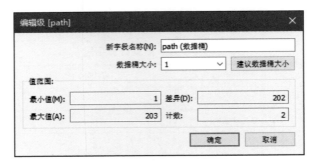

图2-106　"path（数据桶）"字段设置

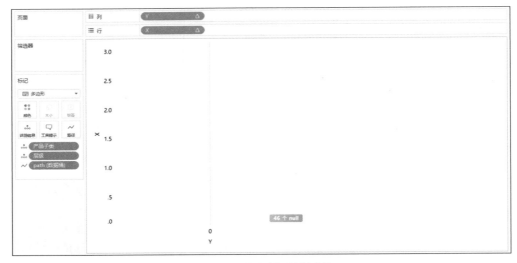

图2-107　径向树图绘制过程

步骤 6：右键单击"行"上的"X"字段选择"编辑表计算"，按图 2-108、图 2-109 和图 2-110 所示设置"嵌套计算"的"计算依据"。

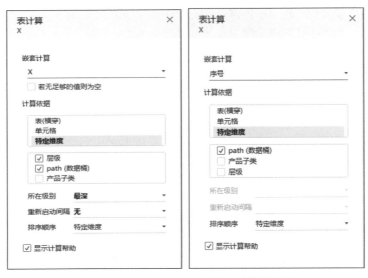

图2-108　"X"字段、"序号"字段"计算依据"设置

图2-109 "最大层级"字段、"边界"字段"计算依据"设置

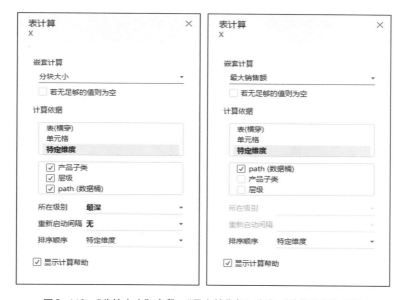

图2-110 "分块大小"字段、"最大销售额"字段"计算依据"设置

步骤7：右键单击"列"上的"Y"字段对其执行与步骤6中"行"上的"X"字段相同的操作步骤后得到图2-111。

步骤8：将"详细信息"中的"产品子类"字段、"层级"字段分别通过左键单击该字段前方代表"详细信息"功能的标记将其改为"颜色"，调节合适的颜色后得到图2-112。

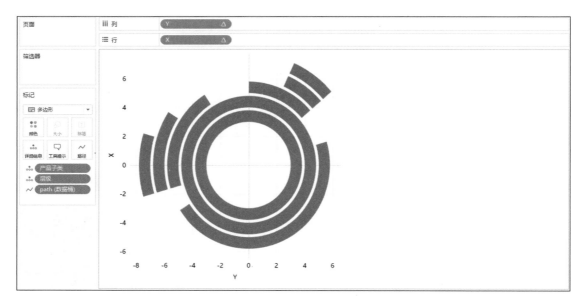

图2-111   径向树图雏形

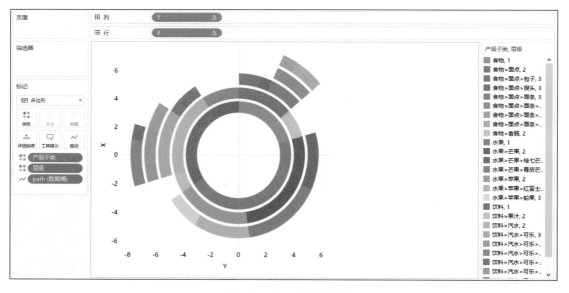

图2-112   为不同产品染色

步骤 9：将"最大销售额"字段拖至"工具提示"→右键单击选择"计算依据"为"path（数据桶）"字段。"标签"字段拖至"工具提示"→右键单击选择"编辑表计算"，具体设置如图 2-113所示。

步骤 10：修改"工具提示"的内容→只留下"标签"字段和"最大销售额"字段→匹配合适的字体颜色和大小。调整视图的其他细节如隐藏坐标轴、去掉网格线等，得到最终的径向树图，如图 2-114 所示。

图2-113 "标签"字段"计算依据"设置

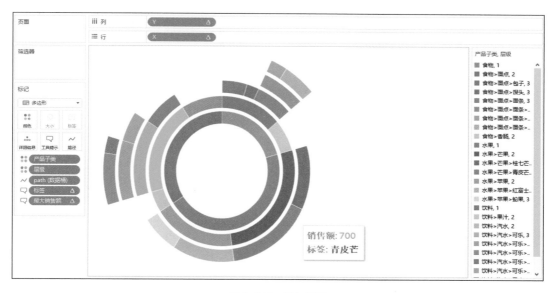

图2-114 径向树图

至此在 Tableau 中，环形饼图就完成了从一层、二层至 N 层的演变，如图 2-115 所示。如果觉得 N 层环形饼图制作比较麻烦，也可以将本例当作模板替换数据源即可快速绘制。

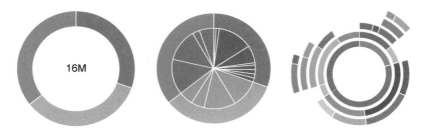

图2-115 环形饼图家族

2.9　轨迹图的 3 种制作方法

轨迹图是将具有具体坐标位置的点或用地理经纬度代表的地理位置按一定的顺序连成的线路图，它的连接轨迹可以是折线、曲线等。其基本样式如图 2-116 所示。

由坐标平面或地图中某个点或多个点出发至另一个点或多个点之间，按一定的顺序进行连线，反映物体的运动轨迹。轨迹图在航空、铁路、交通等领域应用比较广泛，用来模拟、追踪人们出行的路线、次数、时长等。

制作轨迹图的核心思路是将坐标点或地理经纬度坐标按给定的顺序连接成线路，一般需要特定格式的业务数据才能实现。

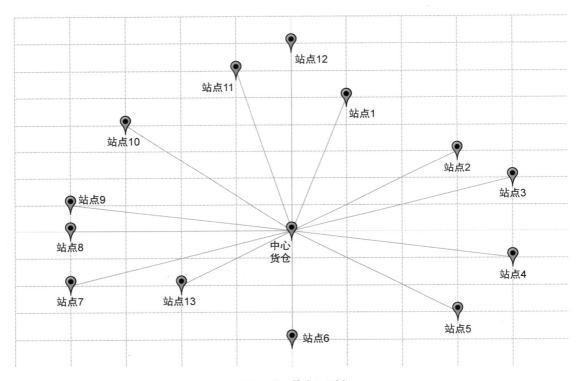

图 2-116　轨迹图示例

2.9.1　行驶轨迹连线图

模拟客户从商场的某个点出发将沿途经过的点连接起来，从而得出客户浏览商场的行为轨迹。具体制作过程如下。

步骤 1：在 Tableau 中本例所需的数据结构如表 2-37 所示。

路　　径	地点	X	Y
1	B2 停车场	0	0
2	B1 美食街	2	1
3	B1 蛋糕屋	0	2
4	B1 水果茶 Bar	−1	1
5	L1 篮球鞋	−2	3
6	L1 智能手表	0	4
7	L1 演出区	4	1
8	L2 科技馆	3	0
9	L2 手机店	2	−1
10	L2 休息台	0	−3
11	L3 游乐场	−1	−2
12	L3 饰品店	−1	−1
13	L3 电影院	−2	0
14	B1 水煮鱼乡	−1	0
15	B2 停车场	0	0

表 2-37　　　　　　　　　　　　　　　　模拟顾客活动轨迹数据

步骤 2：通过数据源界面将表 2-37 导入 Tableau 中。

步骤 3：将"X"字段拖至"列"、"Y"字段拖至"行"→分别右键单击两个字段将其改为"维度"。"标记"选择"线"并将"路径"字段拖至"路径"后得到图 2-117。

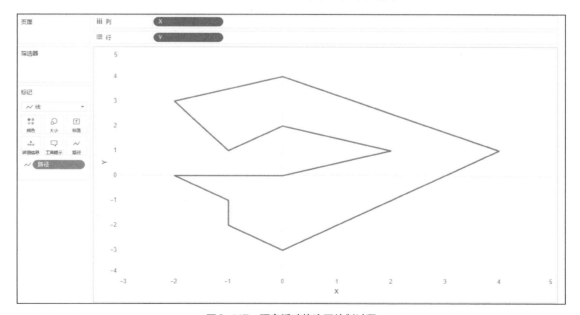

图 2-117　顾客活动轨迹图绘制过程

步骤 4：可以通过为每个地点添上地标图形和标签来美化视图。按住 <Ctrl> 加鼠标左键再拖一个"X"字段至"列"→将"地点"字段和"路径"字段拖至其中一个"X"字段所在的"标签"中→"标记"选择"形状"并匹配合适的图形。调整视图其他细节后得到图 2-118。

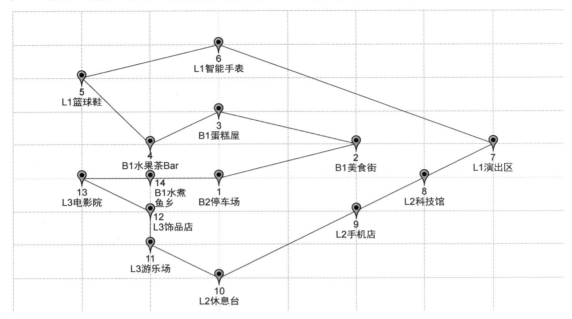

图 2-118　顾客活动轨迹图

2.9.2　中心散射直线轨迹图

模拟电商企业的中心货仓往周围地区的囤货点的供货轨迹连线，可以用来分析中心货仓的选址是否合理。具体的制作过程如下所示。

步骤 1：在 Tableau 中本例所需的数据结构如表 2-38 所示。

表 2-38　　　　　　　　　　　　　　　模拟货仓供货轨迹数据

地点标签	地　点	X	Y	扩　充
中心货仓	中心货仓	0	0	1
站点 1	站点 1	1	5	1
站点 2	站点 2	3	3	1
站点 3	站点 3	4	2	1
站点 4	站点 4	4	−1	1
站点 5	站点 5	3	−3	1
站点 6	站点 6	0	−4	1
站点 7	站点 7	−4	−2	1
站点 8	站点 8	−4	0	1
站点 9	站点 9	−4	1	1
站点 10	站点 10	−3	4	1

续表

地 点 标 签	地　　　点	X	Y	扩　　充
站点11	站点11	−1	6	1
站点12	站点12	0	7	1
站点13	站点13	−2	−2	1
中心货仓	中心货仓	0	0	2
中心货仓	站点1	0	0	2
中心货仓	站点2	0	0	2
中心货仓	站点3	0	0	2
中心货仓	站点4	0	0	2
中心货仓	站点5	0	0	2
中心货仓	站点6	0	0	2
中心货仓	站点7	0	0	2
中心货仓	站点8	0	0	2
中心货仓	站点9	0	0	2
中心货仓	站点10	0	0	2
中心货仓	站点11	0	0	2
中心货仓	站点12	0	0	2
中心货仓	站点13	0	0	2

步骤 2： 通过数据源界面将表 2-38 导入 Tableau 中。

步骤 3： 将 "X" 字段拖至 "行"，"Y" 字段拖至 "列"，分别右键单击两个字段将其改为 "维度"。"地点" 字段拖至 "详细信息"，"标记" 选择 "线" 后得到图 2-119。

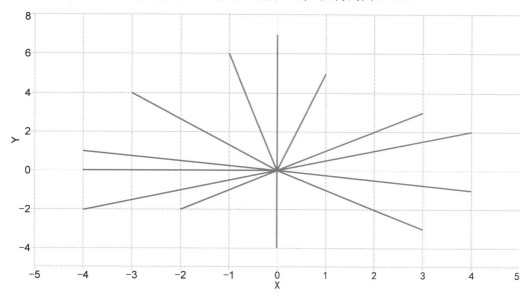

图2-119　货仓供货轨迹图绘制过程

步骤 4：可以通过与 2.9.1 中步骤 4 同样的操作来美化视图。最终的货仓供货轨迹图（中心散射直线轨迹图）如图 2-120 所示。

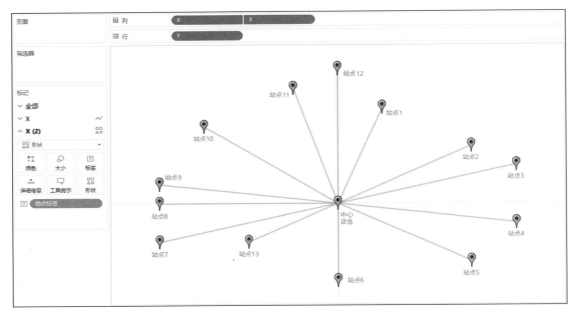

图2-120　货仓供货轨迹图

2.9.3　中心散射曲线轨迹图

将 2.9.2 中的连线形式换成曲线，具体的制作过程如下所示。

步骤 1：在 Tableau 中本例所需的数据结构与 2.9.2 中表 2-38 一致，通过数据源界面将表 2-38 导入 Tableau 中。

步骤 2：本例应用两次贝塞尔曲线方程：$F(t)=P_0 \times (1-t)^2 + P_1 \times 2t(1-t) + P_2 \times t^2$，其中 P_0 代表曲线的起点位置，P_2 代表曲线的终点位置，P_1 是曲线的控制点。

步骤 3：在 Tableau 中所需创建的计算公式如表 2-39 所示。

表2-39　　　　　　　　　　　　　　　　　所需计算字段

编号	字段	计 算 公 式
1	扩充点	`IIF([扩充]=1,1,100)`
2	t	`(INDEX()-1)/100`
3	Detla X	`WINDOW_MIN(MIN([X]),LAST(),LAST())-WINDOW_MIN(MIN([X]),FIRST(),FIRST())`
4	Detla Y	`WINDOW_MIN(MIN([Y]),LAST(),LAST())-WINDOW_MIN(MIN([Y]),FIRST(),FIRST())`
5	Angle	`ATAN2([Detla Y],[Detla X])`
6	Cos(Angle)	`COS([Angle])`
7	Sin(Angle)	`SIN([Angle])`

编号	字段	计 算 公 式
8	X't	CASE ATTR([扩充]) WHEN 1 THEN WINDOW_MIN(MIN([X]),FIRST(),FIRST())-WINDOW_ MIN(MIN([X]),FIRST(),FIRST()) WHEN 2 THEN WINDOW_MIN(MIN([X]),LAST(),LAST())-WINDOW_ MIN(MIN([X]),FIRST(),FIRST()) ELSE 0 END
9	Y't	CASE ATTR([扩充]) WHEN 1 THEN WINDOW_MIN(MIN([Y]),FIRST(),FIRST())-WINDOW_ MIN(MIN([Y]),FIRST(),FIRST()) WHEN 2 THEN WINDOW_MIN(MIN([Y]),LAST(),LAST())-WINDOW_ MIN(MIN([Y]),FIRST(),FIRST()) ELSE 0 END
10	X"t	[X't]*[Cos(Angle)]-[Y't]*[Sin(Angle)]
11	Y"t	[X't]*[Sin(Angle)]+[Y't]*[Cos(Angle)]
12	P"X	((WINDOW_MIN([X''t],LAST(),LAST())+WINDOW_ MIN([X''t],FIRST(),FIRST()))/2)*1.5
13	P"Y	IF [Angle]>0.8 THEN ((WINDOW_MIN([Y''t],LAST(),LAST())+WINDOW_ MIN([Y''t],FIRST(),FIRST()))/2)*1.5 ELSE ((WINDOW_MIN([Y''t],LAST(),LAST())+WINDOW_ MIN([Y''t],FIRST(),FIRST()))/2)*-1.5 END
14	P"'X	([P''X]*[Cos(Angle)]-[P''Y]*[Sin(Angle)])+WINDOW_ MIN(MIN([X]),FIRST(),FIRST())
15	P"'Y	([P''X]*-[Sin(Angle)]+[P''Y]*[Cos(Angle)])+WINDOW_ MIN(MIN([Y]),FIRST(),FIRST())
16	X_P_Max	WINDOW_MAX(MAX([X]),LAST(),LAST())
17	X_P_Min	WINDOW_MIN(MIN([X]),FIRST(),FIRST())
18	Bezier X	((1-[t])^2*[X_P_Min])+(2*(1-[t])*[t]*[P'''X])+(([t]^2)*[X_P_Max])
19	Y_P_Max	WINDOW_MAX(MAX([Y]),LAST(),LAST())
20	Y_P_Min	WINDOW_MAX(MIN([Y]),FIRST(),FIRST())
21	Bezier Y	((1-[t])^2*[Y_P_Min])+(2*(1-[t])*[t]*[P'''Y])+(([t]^2))*[Y_P_Max]

步骤 4：右键单击"扩充点"字段选择创建数据桶，按图 2-121 所示设置（这里"扩充点"字段赋值为 100，是因为经测试发现 100 个点连成的曲线比较光滑）。

步骤 5：将"Bezier X"字段拖至"列"，"Bezier Y"字段拖至"行"，"地点"字段拖至"详细信息"，"标记"选择"线"并将"扩充点（数据桶）"字段拖至"路径"后得到图 2-122。

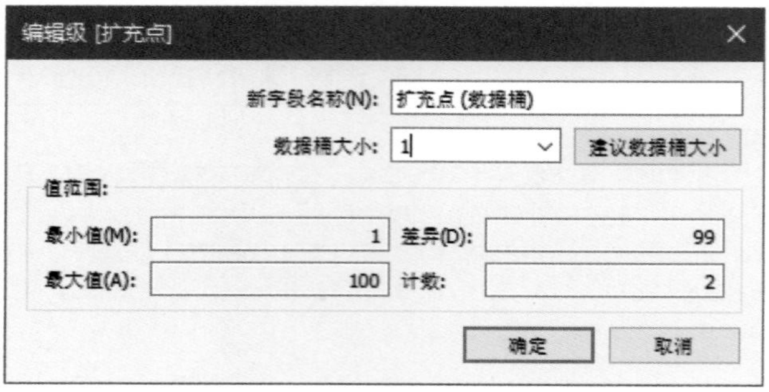

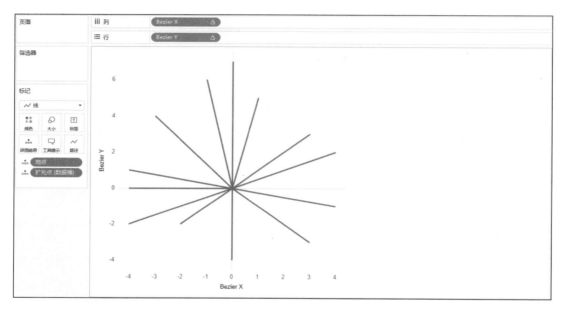

图2-121 "扩充点(数据桶)"设置

图2-122 曲线轨迹图绘制过程

步骤 6：右键单击"列"上的"Bezier X"字段选择"编辑表计算"，将"Bezier X"字段内嵌套的所有字段按图 2-123 所示设置"嵌套计算"的"计算依据"（"Bezier Y"字段的设置与"Bezier X"字段相同）。

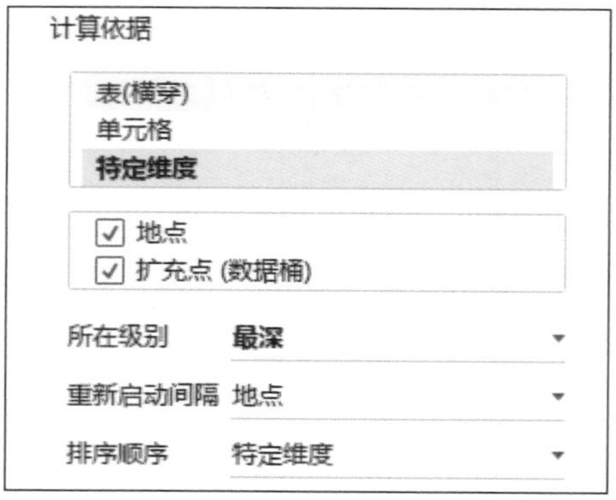

图2-123 设置"嵌套计算"的"计算依据"

步骤 7：若要美化视图可以按 <Ctrl> 加鼠标左键再拖一个"Bezier X"字段至"列"→将该字段所在的"标记"改为形状并选择合适的形状→"地点标签"字段拖至"标签"，调整视图其他细节后得到图 2-124。

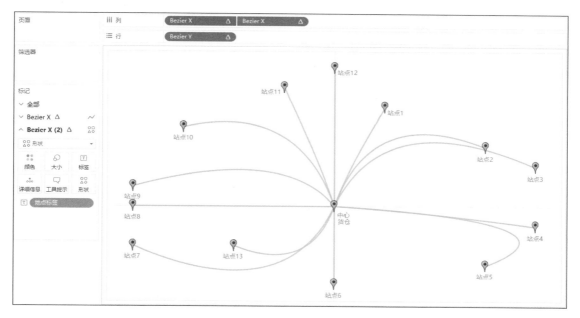

图2-124　曲线轨迹图

2.10　平面定点图的3种制作方法

什么是平面定点图呢？类似图 2-125 所示的"元素周期表"，平面定点图就是在平面空间内为维度字段赋予位置（X、Y 坐标）。

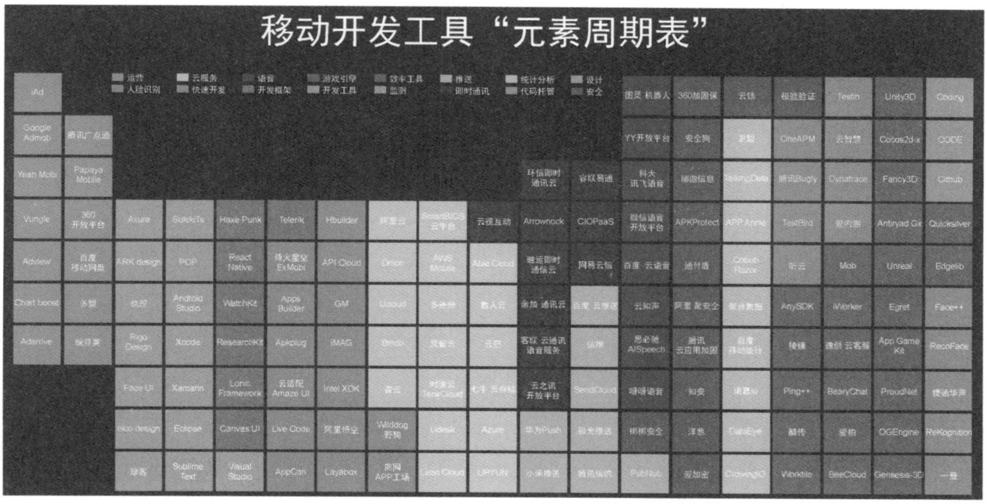

图2-125　"元素周期表"

平面定点图可以将原本在 Tableau 中用单一的行或列表达的维度字段，变成图形化的具有强烈视觉冲击的图形。它可以应用在可视化图表宣传、超市货品摆放位置与销售数量之间的关系以及结合具体指标值做维度地图等多种场景中。

制作平面定点图的核心思路是根据实际的业务数据，确定最终想要实现的图形，然后根据图形为相应的维度字段匹配位置。

2.10.1　特定数据结构的定点图

结合其他工具，例如数据处理工具 Alteryx 来为图形构造轮廓数据，再关联实际的业务数据展开分析。具体的制作过程如下。

步骤 1：在 Tableau 中本例所需的数据结构如表 2-40 和表 2-41 所示。

表 2-40　　　　　　　　　　　　　　　　周期表辅助坐标数据

ID	Y	X
155	9	18
154	8	18
153	7	18
152	6	18
151	5	18
150	4	18
149	3	18
148	2	18
147	1	18
146	0	18
145	9	17
144	8	17
143	7	17
142	6	17
141	5	17
140	4	17
139	3	17
138	2	17
137	1	17
136	0	17
135	9	16
134	8	16
133	7	16
132	6	16

续表

ID	Y	X
131	5	16
130	4	16
129	3	16
128	2	16
127	1	16
126	0	16
125	9	15
124	8	15
123	7	15
122	6	15
121	5	15
120	4	15
119	3	15
118	2	15
117	1	15
116	0	15
115	9	14
114	8	14
113	7	14
112	6	14
111	5	14
110	4	14
109	3	14
108	2	14
107	1	14
106	0	14
105	9	13
104	8	13
103	7	13
102	6	13
101	5	13
100	4	13
99	3	13
98	2	13

续表

ID	Y	X
97	1	13
96	0	13
95	9	12
94	8	12
93	7	12
92	6	12
91	5	12
90	4	12
89	3	12
88	2	12
87	1	12
86	0	12
85	9	11
84	8	11
83	7	11
82	6	11
81	5	11
80	4	11
79	3	11
78	2	11
77	9	10
76	8	10
75	7	10
74	6	10
73	5	10
72	4	10
71	3	10
70	2	10
69	9	9
68	8	9
67	7	9
66	6	9
65	5	9
64	4	9

ID	Y	X
63	3	9
62	9	8
61	8	8
60	7	8
59	6	8
58	5	8
57	4	8
56	3	8
55	9	7
54	8	7
53	7	7
52	6	7
51	5	7
50	4	7
49	3	7
48	9	6
47	8	6
46	7	6
45	6	6
44	5	6
43	4	6
42	3	6
41	9	5
40	8	5
39	7	5
38	6	5
37	5	5
36	4	5
35	3	5
34	9	4
33	8	4
32	7	4
31	6	4
30	5	4

续表

ID	Y	X
29	4	4
28	3	4
27	9	3
26	8	3
25	7	3
24	6	3
23	5	3
22	4	3
21	3	3
20	9	2
19	8	2
18	7	2
17	6	2
16	5	2
15	4	2
14	3	2
13	6	1
12	5	1
11	4	1
10	3	1
9	2	1
8	1	1
7	6	0
6	5	0
5	4	0
4	3	0
3	2	0
2	1	0
1	0	0

表2-41　　　　　　　　　　　　　　　移动开发工具

工 具 分 类	工 具 名 称	ID
运营	iAd	1
运营	Google Admob	2

续表

工 具 分 类	工 具 名 称	ID
运营	Yeah Mobi	3
运营	Vungle	4
运营	AdView	5
运营	Chart boost	6
运营	Adarrive	7
运营	腾讯广点通	8
运营	Papaya Mobile	9
运营	360 开放平台	10
运营	百度移动网盘	11
运营	多盟	12
运营	豌豆荚	13
设计	Axure	14
设计	ARK design	15
设计	快现	16
设计	Rigo Design	17
设计	Face UI	18
设计	eico design	19
设计	摩客	20
设计	SukiKiTs	21
设计	POP	22
开发工具	Android Studio	23
开发工具	Xcode	24
开发工具	Xamarin	25
开发工具	Eclipse	26
开发工具	Sublime Text	27
开发工具	Visual Studio	34
开发框架	Haxe Punk	28
开发框架	React Native	29
开发框架	WatchKit	30
开发框架	ResearchKit	31
开发框架	Lonic Framework	32
开发框架	Canvas UI	33
开发框架	Telerik	35
快速开发	烽火星空 ExMobi	36

续表

工 具 分 类	工 具 名 称	ID
快速开发	Apps Builder	37
快速开发	Apkplug	38
快速开发	云适配 Amaze UI	39
快速开发	Live Code	40
快速开发	AppCan	41
快速开发	Hbuilder	42
快速开发	API Cloud	43
快速开发	GameMei	44
快速开发	iMAG	45
快速开发	Intel XDK	46
快速开发	阿里悟空	47
快速开发	Layabox	48
快速开发	Wilddog 野狗	54
快速开发	简网 APP 工场	55
云服务	阿里云	49
云服务	Dnion	50
云服务	Ucloud	51
云服务	Bmob	52
云服务	青云	53
云服务	SmartBIOS 云平台	56
云服务	AWS Mobile	57
云服务	多备份	58
云服务	灵雀云	59
云服务	时速云 TenxCloud	60
云服务	Udesk	61
云服务	Lean Cloud	62
云服务	Able Cloud	64
云服务	数人云	65
云服务	云巴	66
云服务	七牛 云存储	67
云服务	Azure	68
云服务	UPYUN	69
推送	华为 Push	76
推送	小米推送	77

续表

工 具 分 类	工 具 名 称	ID
推送	百度 云推送	81
推送	个推	82
推送	SendCloud	83
推送	极光推送	84
推送	腾讯信鸽	85
推送	PubNub	95
即时通信	云视互动	63
即时通信	环信即时 通信云	70
即时通信	Arrownock	71
即时通信	融云即时 通信云	72
即时通信	亲加 通信云	73
即时通信	客联 云通信 语音服务	74
即时通信	云之讯 开放平台	75
即时通信	容联易通	78
即时通信	CIOPaaS	79
即时通信	网易云信	80
安全	梆梆安全	94
安全	360 加固保	96
安全	安全狗	97
安全	娜迦信息	98
安全	APKProtect	99
安全	通付盾	100
安全	阿里 聚安全	101
安全	腾讯 云应用加固	102
安全	知安	103
安全	洋葱	104
安全	爱加密	105
安全	云锁	106
安全	极验验证	116
统计分析	友盟	107
统计分析	TalkingData	108
统计分析	APP Annie	109
统计分析	Cobub Razor	110
统计分析	聚合数据	111

工 具 分 类	工 具 名 称	ID
统计分析	百度 移动统计	112
统计分析	诸葛 io	113
统计分析	DataEye	114
统计分析	GrowingIO	115
监测	OneAPM	117
监测	腾讯 Bugly	118
监测	TestBird	119
监测	听云	120
监测	Testin	126
监测	云智慧	127
监测	Dynatrace	128
监测	爱内测	129
代码托管	Coding	146
代码托管	CODE	147
代码托管	Github	148
语音	图灵 机器人	86
语音	YY 开放平台	87
语音	科大 讯飞语音	88
语音	微信语音 开放平台	89
语音	百度 云语音	90
语音	云知声	91
语音	思必驰 AISpeech	92
语音	呀呀语音	93
人脸识别	Face++	151
人脸识别	RecoFace	152
人脸识别	捷通华声	153
人脸识别	ReKognition	154
人脸识别	一登	155
游戏引擎	Unity3D	136
游戏引擎	Cocos2d-x	137
游戏引擎	Fancy3D	138
游戏引擎	Antiryad Gx	139
游戏引擎	Unreal	140

续表

工 具 分 类	工 具 名 称	ID
游戏引擎	Egret	141
游戏引擎	App Game Kit	142
游戏引擎	ProudNet	143
游戏引擎	OGEngine	144
游戏引擎	Genesis-3D	145
游戏引擎	Quicksilver	149
游戏引擎	Edgelib	150
效率工具	AnySDK	121
效率工具	棱镜	122
效率工具	Ping++	123
效率工具	酷传	124
效率工具	Worktile	125
效率工具	Mob	130
效率工具	iWorker	131
效率工具	逸创 云客服	132
效率工具	BearyChat	133
效率工具	爱拍 RecNow 引擎	134
效率工具	BeeCloud	135

步骤 2：将表 2-40 和表 2-41 导入 Tableau 中，将表 2-41 作为左表、选择"ID"字段做"内部"连接。具体连接方式如图 2-126 所示。

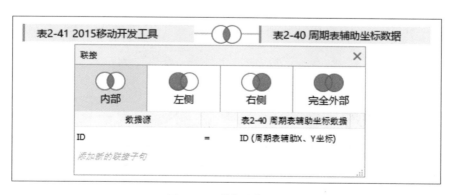

图 2-126　数据连接设置

步骤 3：将"X"字段拖至"列"、"Y"字段拖至"行"→分别右键单击两个字段→改成"维度"→"离散"。"工具分类"字段拖至"颜色"，"工具名称"字段拖至"标签"，"标记"选择"形状"（此例用了矩形），按实际需求调整视图的颜色和大小等细节后得到图 2-127。

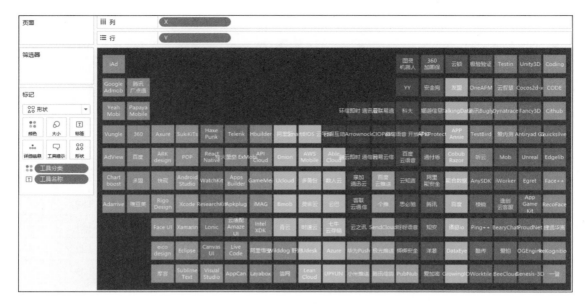

图2-127   特定数据结构的定点图

2.10.2   插入背景图片的平面定点图

根据具体图片来定相应位置的坐标，然后在 Tableau 中手动匹配相应点的位置。该方法适用于分析商场、超市和货仓的布局是否合理等。这些地方往往会划分不同的区域来放置不同的店铺或商品，而这些店铺或商品所在的位置在一定程度上会影响客流量和销售额等指标，为此我们需要合理的规划布局。

以往很多企业大都是凭借经验来判断商品或者店铺的位置，现在可以通过传感器采集每个区域的客流量，通过实际数据去分析客户的购买转化率、连单率等。然后通过这些指标来判断布局是否合理，以便做出合适的调整。调整布局之后也可通过实际的数据分析与之前做比对，看看新的布局是否达到了预期的效果。具体的实现过程如下所示。

步骤 1：准备一张实际分析要用到的商场平面图，如图 2-128 所示。

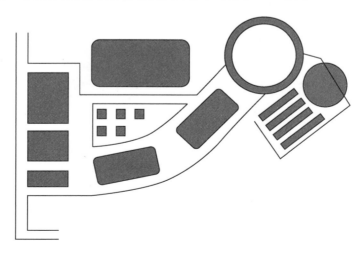

图2-128   模拟商场平面图

步骤 2：由于篇幅问题本例延用 2.10.1 中表 2-41 的数据。将这份数据导入 Tableau 中并稍作改动→右键单击"工具分类"字段选择"重命名"为"店铺"→右键单击"店铺"字段选择"别名"并按图 2-129 所示编辑该字段的别名。

步骤 3：创建"X（背景）"字段、"Y（背景）"字段和"模拟客流量"字段如图 2-130、图 2-131 和图 2-132 所示。

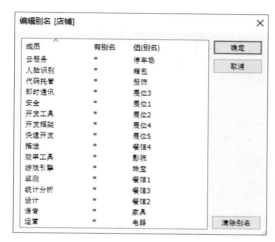

图 2-129 字段别名设置

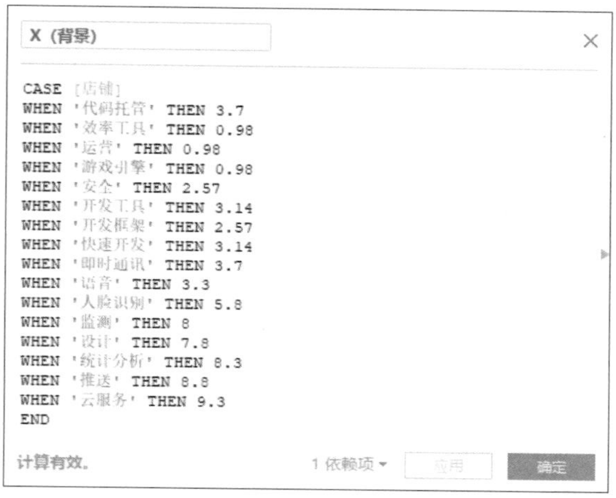

图 2-130 "X（背景）"字段内容

图 2-131 "Y（背景）"字段内容

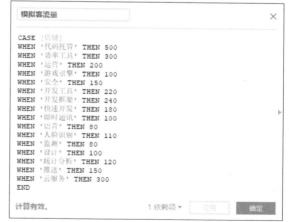

图 2-132 "模拟客流量"字段内容

步骤 4：将"X（背景）"字段拖至"列"，"Y（背景）"字段拖至"行"，分别右键单击两个字段，将其聚合方式改为"平均值"。选择菜单栏的"地图"依次选择"背景图像"→选择"添加图像"→按图 2-133 所示设置背景图像（其中"浏览"是用来导航到背景图片的存放路径，也可以手动键入图片的存储路径（本地或服务器）。"X 字段"和"Y 字段"是用来根据之前创建的两个背景坐标字段固定背景图片在视图中的位置。"冲蚀"用来改变背景图片的透明度）。

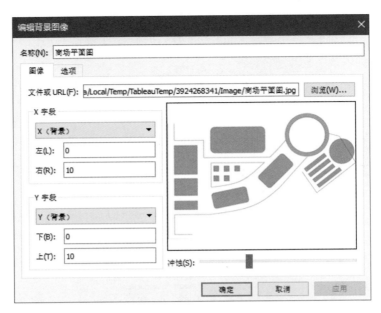

图 2-133　插入背景图像并设置

步骤 5：将"店铺"字段拖至"标签","模拟客流量"字段拖至"大小"→聚合方式改为"平均值"。分别右键单击视图中的两个坐标轴，依次选择"编辑轴"→选择"固定"→设置"固定开始"为 0、"固定结束"为 10 并隐藏坐标轴。按实际需求调整视图的颜色、字体等细节后得到图 2-134。

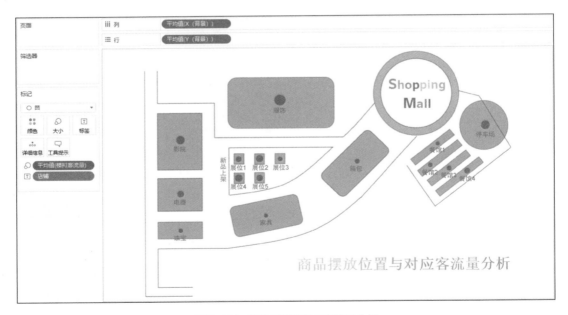

图 2-134　商场店铺布局与客流量分析

2.10.3　引用数学公式自动分布位置的定点图

在 Tableau 中引用一些数学公式来使得维度字段能够按一些图形（包括圆、矩形等）来排布。

步骤 1： 本例延用 2.10.1 中表 2-41 的数据并将这份数据导入 Tableau 中。

步骤 2： 欲将"工具分类"字段在 Tableau 中展示成圆形，为此需要按图 2-135 和图 2-136 所示创建"X（圆）"字段和"Y（圆）"字段。

图2-135　"X（圆）"字段内容　　　　　　　　　　图2-136　"Y（圆）"字段内容

步骤 3： 将"X（圆）"字段拖至"列"，"Y（圆）"字段拖至"行"，"工具分类"字段拖至"颜色"，分别右键单击"列"上的"X（圆）"字段和"行"上的"Y（圆）"字段→选择"计算依据"→选择"工具分类"字段。根据实际需求修饰图表后得到图 2-137。

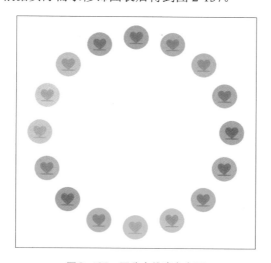

图2-137　圆分布维度定点图

平面定点图为原本展现形式单一的维度字段开辟了新的天地，让其既具备实际的应用场景，又能媲美类似桑基图、玫瑰图等具有视觉冲击力的图形。除此之外还可以引用 2.10.3 的方法构造某些图形的数据，将数据导出后再返回给 Tableau 做相应图形的展现。

2.11　时空卦象图

时空卦象图实质上是饼图的一种变形，图形外观类似于中国古代的卦象图。通常将饼图按时间划分成给定的多个区域，如图 2-138 所示。

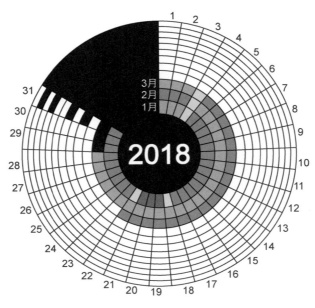

图2-138 时空卦象图

时空卦象图可以用来做项目的管理等，类比于甘特图，划分的每一个小区域既代表时间又代表对应的事件。将以往的矩形表格变成圆形最大的优势在于让管理者能够聚焦，并且完整地浏览数据所表达的信息。

时空卦象图通常应用在企业的 HR 部门或市场部等。它可以用来规划人员行程、项目的进度安排，也可以分析新产品上市后的生命周期。

在 Tableau 中饼图是内置图形，想想我们平时制作饼图所用的数据特征。时空卦象图无须复杂的操作步骤，只需要将数据结构稍作改动即可实现，具体制作步骤如下所示。

步骤 1：在 Tableau 中本例所需的数据结构如表 2-42 所示。

表2-42   模拟2018年时间进度数据

日 期	每月按天编号	径向编号	径向大小	备 忘 录
	32	1	10	辅助数据
	33	1	10	辅助数据
	34	1	10	辅助数据
	35	1	10	辅助数据
	36	1	10	辅助数据
	37	1	10	辅助数据
	29	2	14	辅助数据
	30	2	14	辅助数据
	31	2	14	辅助数据
	32	2	14	辅助数据
	33	2	14	辅助数据
	34	2	14	辅助数据

日　　期	每月按天编号	径向编号	径向大小	备　忘　录
	35	2	14	辅助数据
	36	2	14	辅助数据
	37	2	14	辅助数据
	32	3	18	辅助数据
	33	3	18	辅助数据
	34	3	18	辅助数据
	35	3	18	辅助数据
	36	3	18	辅助数据
	37	3	18	辅助数据
	31	4	22	辅助数据
	32	4	22	辅助数据
	33	4	22	辅助数据
	34	4	22	辅助数据
	35	4	22	辅助数据
	36	4	22	辅助数据
	37	4	22	辅助数据
	32	5	26	辅助数据
	33	5	26	辅助数据
	34	5	26	辅助数据
	35	5	26	辅助数据
	36	5	26	辅助数据
	37	5	26	辅助数据
	31	6	30	辅助数据
	32	6	30	辅助数据
	33	6	30	辅助数据
	34	6	30	辅助数据
	35	6	30	辅助数据
	36	6	30	辅助数据
	37	6	30	辅助数据
	32	7	34	辅助数据
	33	7	34	辅助数据
	34	7	34	辅助数据
	35	7	34	辅助数据
	36	7	34	辅助数据

日　　期	每月按天编号	径向编号	径向大小	备　忘　录
	37	7	34	辅助数据
	32	8	38	辅助数据
	33	8	38	辅助数据
	34	8	38	辅助数据
	35	8	38	辅助数据
	36	8	38	辅助数据
	37	8	38	辅助数据
	31	9	42	辅助数据
	32	9	42	辅助数据
	33	9	42	辅助数据
	34	9	42	辅助数据
	35	9	42	辅助数据
	36	9	42	辅助数据
	37	9	42	辅助数据
	32	10	46	辅助数据
	33	10	46	辅助数据
	34	10	46	辅助数据
	35	10	46	辅助数据
	36	10	46	辅助数据
	37	10	46	辅助数据
	31	11	50	辅助数据
	32	11	50	辅助数据
	33	11	50	辅助数据
	34	11	50	辅助数据
	35	11	50	辅助数据
	36	11	50	辅助数据
	37	11	50	辅助数据
	32	12	54	辅助数据
	33	12	54	辅助数据
	34	12	54	辅助数据
	35	12	54	辅助数据
	36	12	54	辅助数据
	37	12	54	辅助数据
2018 年 1 月 1 日	1	1	10	元旦放假

日　　期	每月按天编号	径向编号	径向大小	备　忘　录
2018年1月2日	2	1	10	元旦放假
2018年1月3日	3	1	10	元旦放假
2018年1月4日	4	1	10	旅途
2018年1月5日	5	1	10	出差中
2018年1月6日	6	1	10	出差中
2018年1月7日	7	1	10	出差中
2018年1月8日	8	1	10	出差中
2018年1月9日	9	1	10	出差中
2018年1月10日	10	1	10	出差中
2018年1月11日	11	1	10	出差中
2018年1月12日	12	1	10	出差中
2018年1月13日	13	1	10	出差中
2018年1月14日	14	1	10	出差中
2018年1月15日	15	1	10	出差中
2018年1月16日	16	1	10	出差中
2018年1月17日	17	1	10	出差中
2018年1月18日	18	1	10	旅途
2018年1月19日	19	1	10	吃瓜
2018年1月20日	20	1	10	吃瓜
2018年1月21日	21	1	10	吃瓜
2018年1月22日	22	1	10	旅途
2018年1月23日	23	1	10	出差中
2018年1月24日	24	1	10	出差中
2018年1月25日	25	1	10	出差中
2018年1月26日	26	1	10	出差中
2018年1月27日	27	1	10	出差中
2018年1月28日	28	1	10	出差中
2018年1月29日	29	1	10	出差中
2018年1月30日	30	1	10	出差中
2018年1月31日	31	1	10	出差中

依照此结构一直将数据填写到12月，若想将饼图变为环图即中间是空心的，需要在12月31日行后添加辅助数据，具体如下。

	1	0	6	辅助数据
	2	0	6	辅助数据

续表

日　　期	每月按天编号	径向编号	径向大小	备　忘　录
	3	0	6	辅助数据
	4	0	6	辅助数据
	5	0	6	辅助数据
	6	0	6	辅助数据
	7	0	6	辅助数据
	8	0	6	辅助数据
	9	0	6	辅助数据
	10	0	6	辅助数据
	11	0	6	辅助数据
	12	0	6	辅助数据
	13	0	6	辅助数据
	14	0	6	辅助数据
	15	0	6	辅助数据
	16	0	6	辅助数据
	17	0	6	辅助数据
	18	0	6	辅助数据
	19	0	6	辅助数据
	20	0	6	辅助数据
	21	0	6	辅助数据
	22	0	6	辅助数据
	23	0	6	辅助数据
	24	0	6	辅助数据
	25	0	6	辅助数据
	26	0	6	辅助数据
	27	0	6	辅助数据
	28	0	6	辅助数据
	29	0	6	辅助数据
	30	0	6	辅助数据
	31	0	6	辅助数据
	32	0	6	辅助数据
	33	0	6	辅助数据
	34	0	6	辅助数据
	35	0	6	辅助数据

续表

日　　期	每月按天编号	径向编号	径向大小	备　忘　录
	36	0	6	辅助数据
	37	0	6	辅助数据

步骤 2：通过数据源界面将表 2-42 导入 Tableau 中。

步骤 3：将"径向编号"字段、"每月按天编号"字段拖至"详细信息","径向大小"字段拖至"大小","标记"选择"饼图"→单击"颜色"将饼图的颜色设置成白色并添加黑色边界后得到图 2-139。

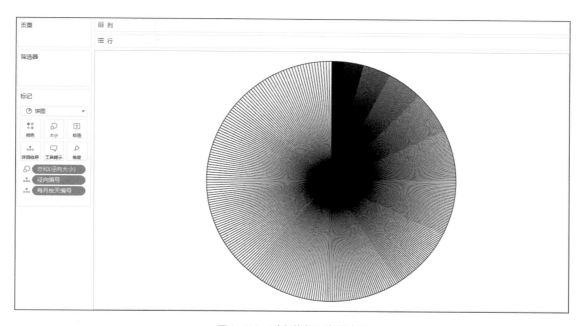

图2-139　时空卦象图绘制过程

步骤 4：按图 2-140 所示创建一个将 12 个月叠加在一起的饼图分开的"X"字段。

图2-140　"X"字段内容

步骤 5：将"X"字段拖至"列"后得到图 2-141。

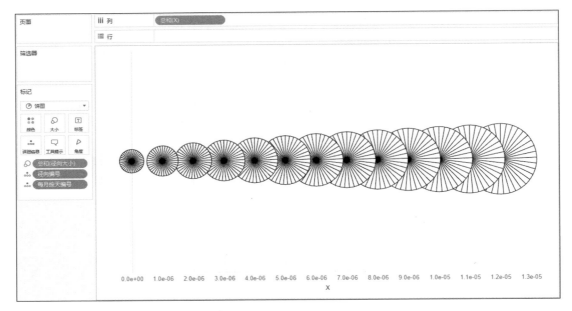

图2-141   拆分叠加显示的饼图

步骤 6：右键单击视图中的"X"字段，依次选择"编辑轴"→"固定"→设置"固定开始"为 0、"固定结束"为 0→隐藏坐标轴。调节饼图的大小后得到图 2-142。

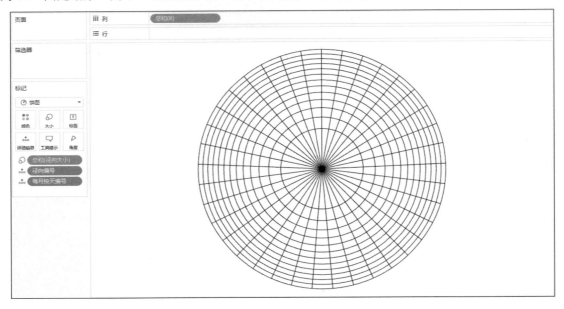

图2-142   重新叠加饼图

步骤 7：将"备忘录"字段拖至"颜色"→为具体事项添加不同的颜色→右键单击该字段选择"属性"。调整视图的底色和其他细节后得到图 2-143。

步骤 8：将"备忘录"字段、"日期"字段拖至"工具提示"，按图 2-144 所示创建一个"日显示"字段用来显示日历上具体的天→将其拖至"标签"→右键单击该字段选择"属性"修改视图其他细节后得到最终的时空卦象图如图 2-145 所示。

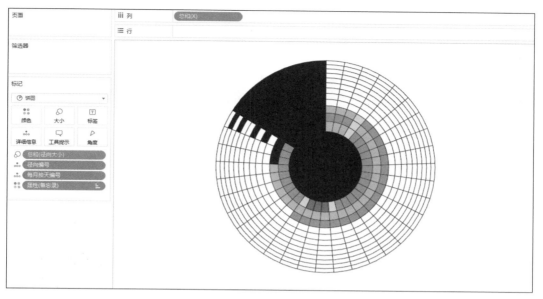

图2-143　时空卦象图雏形

图2-144　"日显示"字段内容

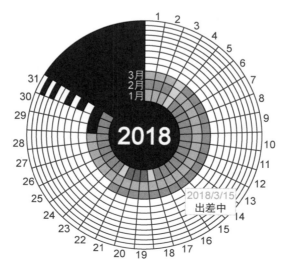

图2-145　时空卦象图

时空卦象图基于特定的数据结构才能绘制，这也说明了数据结构的重要性。其实数据与可视化是相辅相成的，建筑好底层的数据结构才能更好地展示上层的可视化作品。

2.12 旭日图

旭日图也被称为多层饼图，是饼图的一种变形，如图 2-146 所示，其便于细分溯源分析数据，真正了解数据的具体构成。

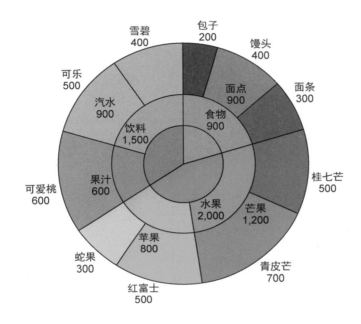

图 2-146 旭日图基本样式

旭日图除了有饼图所表达的每个类别的数值大小分布外，还能反映最大层级旗下各个细分层级的数值分布情况。

旭日图的应用场景也比较广泛，与之前介绍过的径向树图类似，从某种程度上说旭日图就是径向树图，那么它们有什么不同呢？

在 Tableau 中饼图是内置图形，而旭日图只需要特定的数据结构，然后在饼图的绘制基础上稍作改动即可。具体制作步骤如下所示。

步骤 1：在 Tableau 中本例所需的数据结构如表 2-43 所示。

表 2-43   模拟超市销售数据

层级	名 称	产 品 关 系	销 售 额
1	饮料	饮料	1500
1	食物	食物	900
1	水果	水果	2000
2	汽水	饮料>汽水	900

续表

层 级	名 称	产 品 关 系	销 售 额
2	果汁	饮料>果汁	600
2	苹果	水果>苹果	800
2	芒果	水果>芒果	1200
2	面点	食物>面点	900
3	可爱桃	饮料>汽水>可爱桃	600
3	可乐	饮料>汽水>可乐	500
3	雪碧	饮料>汽水>雪碧	400
3	红富士	水果>苹果>红富士	500
3	蛇果	水果>苹果>蛇果	300
3	桂七芒	水果>芒果>桂七芒	500
3	青皮芒	水果>芒果>青皮芒	700
3	面条	食物>面点>面条	300
3	包子	食物>面点>包子	200
3	馒头	食物>面点>馒头	400

步骤 2：通过数据源界面将表 2-43 导入 Tableau 中。

步骤 3：在 Tableau 中本例所需创建的计算字段如图 2-147 所示。

图2-147 "X"字段内容

步骤 4：将"X"字段拖至"列","标记"选择"饼图","产品关系"字段拖至"颜色"并调节合适的颜色,"层级"字段拖至"大小","销售额"字段拖至"角度"后得到图 2-148。

步骤 5：右键单击视图中的"X"字段所在的轴,依次选择"编辑轴"→选择"固定"→设置"固定开始"为 0、"固定结束"为 0→隐藏该坐标轴。将"名称"字段和"销售额"字段拖至"标签"并调节合适的字体。单击"颜色"为图形添加白色的边界后得到最终的旭日图,如图 2-149 所示。

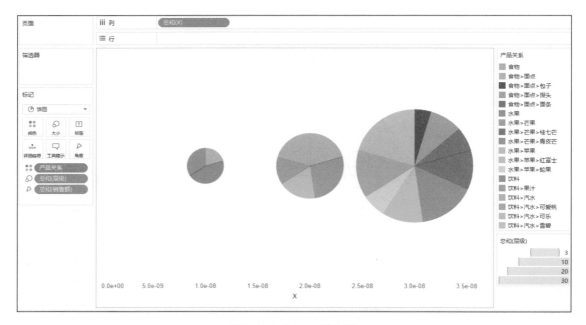

图2-148　旭日图绘制过程

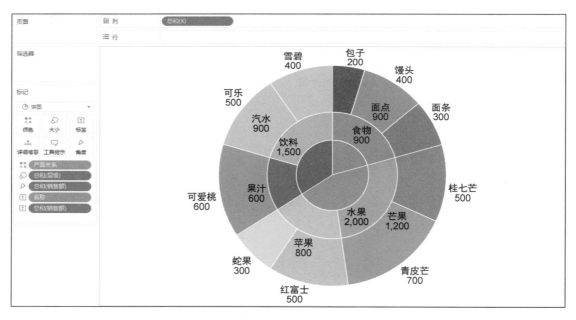

图2-149　旭日图

　　旭日图的制作过程比较简单，但对数据结构有一定的要求，需要业务数据之间是层层对应的关系。此例的饮料线中 2 级分类果汁旗下有对应的 3 级分类可爱桃这一项，如果现实的业务数据中缺失了这一项，那么在 Tableau 中，属于饮料线 2 级分类下其他 3 级分类的位置就会自动填充缺失项的位置，使原有的面积占比出现问题。所以如果遇到此类场景，就需要用之前介绍的径向树图的方法去绘制此图，也可以将此例数据再做变形，为缺失项留出位置，以便在Tableau 中绘制旭日图时不会出错。

2.13 维恩图的两种制作方法

维恩图也被称为文氏图,于 1880 年由 Venn 创造,用于显示元素集合重叠区域的图示,如图 2-150 所示。

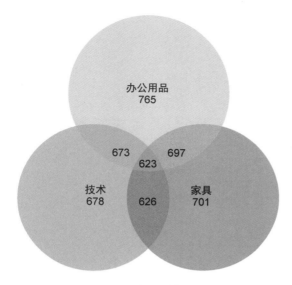

图2-150 维恩图基本样式

维恩图既可以表示单独的一个集合,也可以很直观地表示集合与集合之间的关系。维恩图的应用场景比较广泛,凡是需要反映事物与事物之间有相关部分的场合均可使用,比如零售行业用来区分不同的客户群体,哪些是购买单一产品的,哪些是买了几种特定产品的,目的是为客户精准营销以及捆绑销售。

制作维恩图的核心思路是根据实际的业务数据,确定每个集合(一般集合用圆形表示)的位置。

2.13.1 3种关系的维恩图

3 种关系的维恩图的具体制作步骤如下所示。

步骤 1:本例所用数据为 Tableau 产品中自带的"示例—超市"数据中的"订单"表,此处对数据结构不做具体介绍。

步骤 2:通过数据源界面将"订单"表导入 Tableau 中。

步骤 3:"订单"表中的"类别"字段包含"家具"、"技术"和"办公用品"3 大类,此例只分析客户购买办公用品和家具的方式。为此需要将"类别"字段拖至"筛选器"→右键单击"筛选器"中的"类别"字段选择"编辑筛选器"→勾选"办公用品"和"家具"。

步骤 4:右键单击"类别"字段依次选择"创建"→选择"集"→按图 2-151、图 2-152 和图 2-153 所示,分别创建 3 个集:"家具"集、"办公用品"集和"家具 + 办公用品"集(其中"家具"集代表只包含"家具产品"的集合、"办公用品"集代表只包含"办公用品"的集合,"家具 + 办公用品"集代表同时包含"家具"和"办公用品"这两个产品的集合)。

图2-151　"家具"集设置

图2-152　"办公用品"集设置

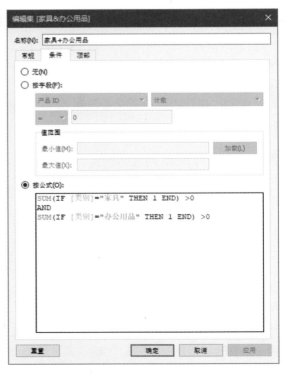

图2-153　"家具+办公用品"集设置

步骤 5：本例所需创建的计算公式表 2-44 所示。

表2-44 3种关系的维恩图所需计算字段

序号	字 段 名	计 算 字 段
1	外部维恩图位置	COUNTD(IF [家具] then [客户名称] END)
2	重叠位置	[外部维恩图位置]/2
3	家具＋办公用品客户	COUNTD(IF [家具＋办公用品]=TRUE Then [客户名称] END)

步骤 6：将"记录数"字段拖至"行"→并右键单击将其聚合方式改为"最小值"。"外部维恩图位置"字段拖至"列"，右键选中"客户名称"字段拖至"大小"，选择计算方式为"计数 (不同)(客户名称)"。"类别"字段拖至"颜色"并将"标记"选择"圆"后得到图 2-154。

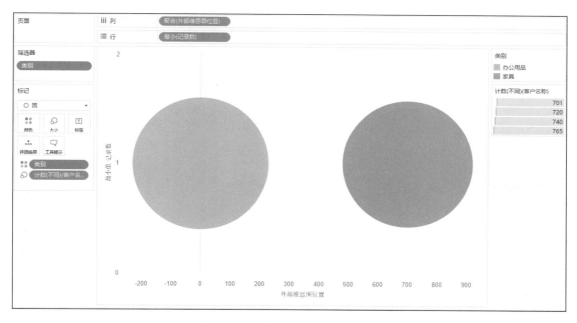

图2-154 3种关系的维恩图绘制过程

步骤 7：将"重叠位置"字段拖至"列"→将该字段所在的"标记"选择"文本"→将"家具＋办公用品客户"字段拖至"标签"，其余字段从"标记"卡中清除。右键单击视图中的"重叠位置"字段所在的轴，依次选择"双轴"→再右键单击该轴选择"编辑轴"→不勾选"包括零"。隐藏视图中的所有坐标轴，调整视图的大小和颜色等得到图 2-155。

步骤 8：将"类别"字段拖至"外部维恩图位置"字段所在"标记"的"标签"中→按住 <Ctrl> 加鼠标左键选中"大小"里的字段拖至"标签"中→调整"标签"中字体的位置和大小等→调节颜色的透明度并给边界设置颜色。按实际需求调整视图的其他细节后得到图 2-156。

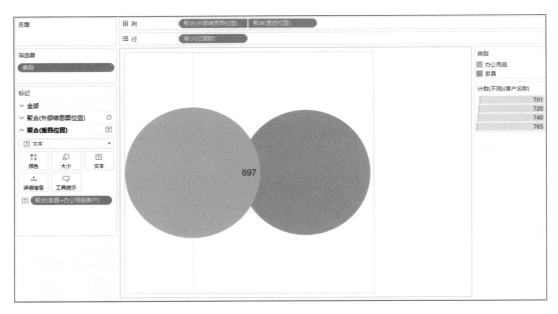

图2-155　3种关系的维恩图雏形

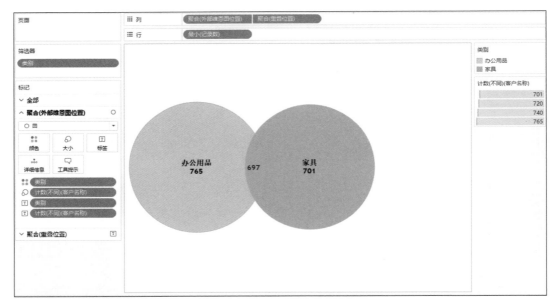

图2-156　3种关系的维恩图

2.13.2　7种关系的维恩图

7种关系的维恩图的具体制作步骤如下所示。

步骤1：在Tableau中本例所需的数据源也是Tableau自带的"示例—超市"数据中的"订单"表。

步骤2：通过数据源界面将"订单"表导入Tableau中。在数据连接的处理上需要做一些改动，将"订单"表按"客户名称"字段选择"左侧"连接3次（在数据字段多的情况下，可以在关联之后隐藏不需要用到的字段，重新提取时删除这些隐藏字段以减少数据量提高性能），具体连接方式如图 2-157 所示。

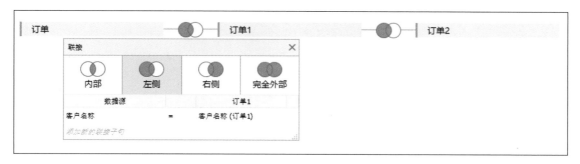

图2-157　数据连接设置

步骤 3：按住 <Ctrl> 分别选中"类别"字段、"类别 (订单 1)"字段和"类别 (订单 2)"字段→右键单击选中的 3 个字段其中的任意一个→选择"创建"→"合并字段"→针对该字段选择"重命名"为"类别合并字段"。右键单击"类别合并字段"→选择"创建组"（因为"订单"表中的"类别"字段中只包含 3 项内容，所以所有客户购买的订单中所包含的产品类别共有 7 种不同的组合。步骤 2 中将"订单"表按"客户名称"关联 3 次也是为了让每位客户的订单中包含他所购买的所有产品类别，继而方便根据不同的购买类型对客户进行分组）→按图 2-158 所示依据购买产品类别将客户划分成不同的组。

步骤 4：在 Tableau 中本例所需创建的计算字段如表 2-45 所示。

图2-158　"客户分类组"设置

表2-45　　　　　　　　　　　　　　　7种关系的维恩图所需计算字段

序号	字　段　名	计　算　字　段
1	排序	INDEX()
2	前/后	IF [排序]<=3 then '前' ELSE '后' END
3	类别标签显示	IF [前/后]='前' then ATTR([类别]) END
4	区分购买了几个商品	LEN([客户分类组])
5	X3	CASE [排序] WHEN 1 THEN 1 WHEN 2 THEN 2 WHEN 3 THEN 1.5 WHEN 4 THEN 1.5 WHEN 5 THEN 1.5 - 0.44*[标签位置] WHEN 6 THEN 1.5 + 0.44*[标签位置] ELSE 1.5 END

续表

序　号	字　段　名	计　算　字　段
6	Y3	CASE ［排序］ WHEN 1 THEN 1 WHEN 2 THEN 1 WHEN 3 THEN 2 WHEN 4 THEN 1 WHEN 5 THEN 2-0.89*［标签位置］ WHEN 6 THEN 2-0.89*［标签位置］ ELSE 2-［标签位置］ END
7	大小	IF ［前/后］ = '前' THEN COUNTD(［客户名称］) else 0 end

步骤 5：按图 2-159 所示，创建调节维恩图交集部分标签的显示位置的参数"标签位置"。

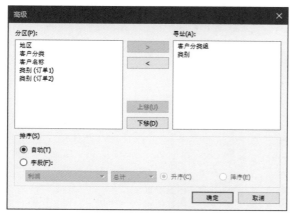

图2-159 "显示标签"参数设置

步骤 6：右键单击"排序"字段依次选择"编辑"→选择"默认表计算"→对应"根据以下因素计算"下拉选择"高级"并按图 2-160 所示设置"高级"配置中的内容→对应"所在级别"下拉选择"客户分类组"→对应"重新启动间隔"下拉选择"无"，具体设置如图 2-161 所示。

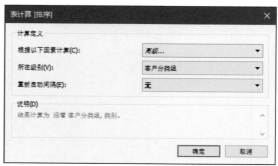

图2-160 "高级"内容设置　　　　　　　图2-161 "默认表计算"设置

步骤7：将"类别"字段拖至"颜色"，"客户分类组"字段拖至"详细信息"，"X3"字段拖至"列"，"Y3"字段拖至"行"，"大小"字段拖至"大小"中，"标记"选择"圆"并隐藏视图中的两个坐标轴后得到图2-162。

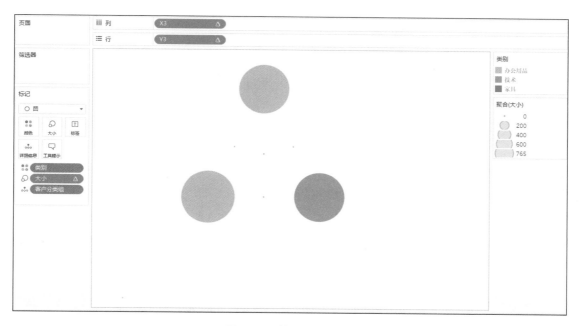

图2-162 维恩图绘制过程

步骤8：右键单击选中"客户名称"字段，将其拖至"标签"中并选择"计数（不同）（客户名称）"，"类别标签显示"字段拖至"标签"，右键单击"详细信息"中的"客户分类组"字段→选择"排序"→按以"最小值"方式聚合的"区分购买了几个商品"字段的"升序"排序，具体排序设置如图2-163。左键单击"标签"→按实际需求设置字体的格式→对齐方式选择"中部居中"→勾选"允许标签覆盖其他标记"。将"大小"设置为最大、"颜色"的不透明度设置为56%，右键单击"标签位置"→选择"显示参数控件"并按实际显示位置调整参数值。调整视图的其他细节后得到最终的维恩图如图2-164所示。

维恩图目前在 Tableau 中的实现效果并不是很理想，需要根据不同的数据不断地进行调整优化。虽然目前的维恩图不能跟随业务数据的更新而自动调整图表，但本例也为那些必须用到维恩图的场景提供了一些制作思路和方法。

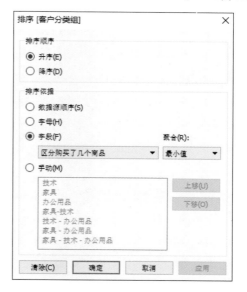

图2-163 "客户分类组"字段排序设置

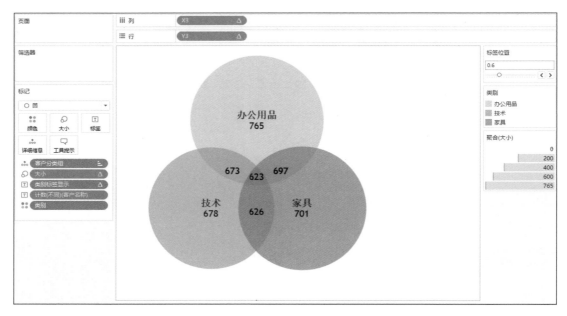

图2-164　7种关系的维恩图

2.14　流程图的3种制作方法

流程图也被称为树状网络图，如图 2-165 所示，是一种使用图形化的方式表示算法思路的好的表达方式。

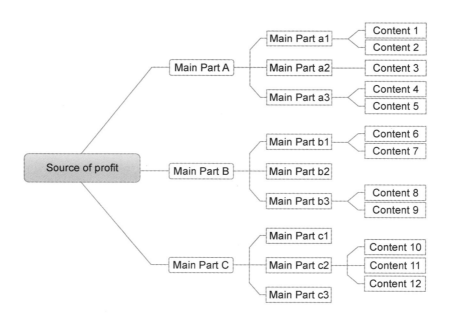

图2-165　流程图示例

流程图既可以表示具体的某一个核心的业务指标是根据哪些指标计算得到的，也可以表示公司的业务体系、组织架构、人事关系等。

流程图的应用场景比较广泛，例如比较常见的杜邦分析、利润成因预测分析等，需要反映最终结果是通过哪些步骤得出时，采用流程图的表达方式会使每个中间环节与最终结果之间的关系更加清晰。

制作流程图的核心思路是通过流程框、线将有联系的实际内容连接起来，如需通过点选上级内容后才出现相应的下级流程效果，目前版本的 Tableau 还需要更改数据结构添加对应跳转操作方可实现。

2.14.1 仪表板拼接流程图

该方法是在仪表板内通过工作表加浮动线的方式拼接出所需的流程图，具体制作步骤如下所示。

步骤 1：实际的业务数据即可，对数据结构没有过多要求。

步骤 2：通过数据源界面将实际数据导入 Tableau 中。

步骤 3：按实际流程架构做好每个流程框中要显示的文本表（或可视化图表）→将做好的文本表放入仪表板界面→文本表放置仪表板中的模式可以选择"浮动"或者"平铺"。

步骤 4：按实际流程位置摆放好文本表→为文本表或文本表所在的容器添加"边界"线来模拟流程框。

步骤 5：最后在仪表板界面拖入"文本"对象，调节"文本"的高度和宽度（水平线高度小、宽度大；竖直线高度大、宽度小）充当流程连接线。充当流程线的"文本"推荐使用"浮动"模式，可以随意摆放位置与流程框匹配。图 2-166 就是用该方法绘制的杜邦分析流程图的应用场景。

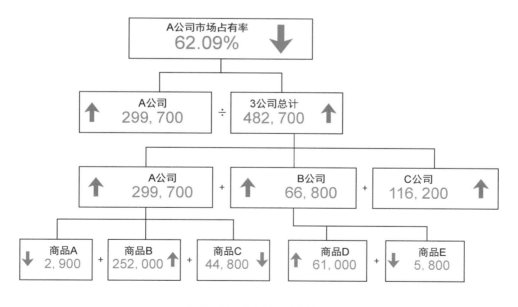

图 2-166　仪表板拼接流程图

2.14.2 插入背景图片的流程图

制作步骤基本与 2.14.1 类似，省去了在仪表板中用文本制作流程线等步骤，具体制作步骤如下所示。

　　步骤 1：数据方面的步骤与 2.14.1 中的步骤一致。用 PS 或者 PPT 等工具事先绘制好所需的流程背景图，如图 2-167 所示。

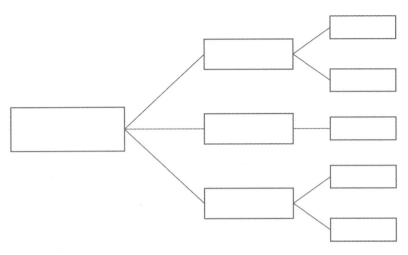

图 2-167　流程背景图

　　步骤 2：将图 2-167 所示的背景图导入工作表或者仪表板中（一般导入仪表板中制作更方便），然后将实际的文本表放置在对应的背景流程框内得到如图 2-168 所示的流程图。

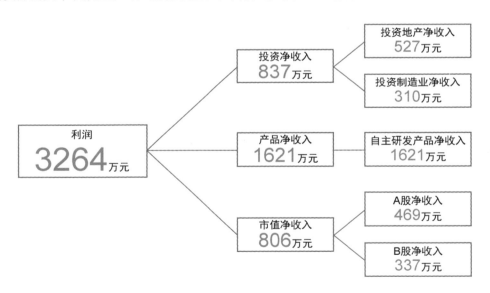

图 2-168　插入背景图片的流程图

2.14.3　点选弹出的动态流程图

　　点选弹出的动态流程图是指当用户不进行点选时，界面只出现流程图的最终结果图，如果用户想要查看流程图中与结果图有关的其他内容时，通过点选操作其余内容即可弹出显示。具体的制作步骤如下所示。

步骤 1：在 Tableau 中本例所需的数据结构如表 2-46、表 2-47 和表 2-48 所示。

表2-46　　　　　　　　　　　　　　　　辅助1级流程框数据

Link	ID	X	Y
1	1	−1	2
1	2	1	2
1	3	1	−2
1	4	−1	−2
1	5	−1	2

表2-47　　　　　　　　　　　　　　　　辅助流程线数据

Link	区　分	ID	X	Y
1	a	1	1	0
1	a	2	2	2
1	b	1	1	0
1	b	2	2	−2

表2-48　　　　　　　　　　　　　　　　辅助2级流程框数据

Link	区　分	ID	X	Y
1	a	1	2	3
1	a	2	4	3
1	a	3	4	1
1	a	4	2	1
1	a	5	2	3
1	b	1	2	−1
1	b	2	4	−1
1	b	3	4	−3
1	b	4	2	−3
1	b	5	2	−1

步骤 2：通过 Tableau 中“新建数据源”的方式分别添加表 2-46、表 2-47 和表 2-48 → 3 张表通过混合连接的方式关联，依次选择菜单栏中的“数据”→选择“编辑关系”→按图 2-169 进行设置，其中表 2-46 为主表，其余两个表通过“Link”字段与之进行混合连接。

步骤 3：应用表 2-46 中的数据绘制 1 级流程框。选中左侧边条数据窗格中的“辅助 1 级流程框”数据→将“X”字段拖至“列”、“Y”字段拖至“行”→分别右键单击将两个字段转换为“维度”→“标记”选择“线”→将“ID”字段拖至“路径”并按需调整视图其他细节后得到图 2-170。

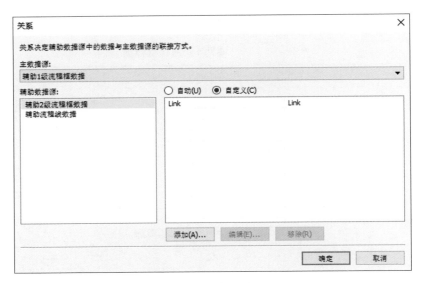

图2-169　数据关联设置

图2-170　1级流程框图

步骤 4：应用表 2-47 中的数据绘制流程线，表 2-48 中的数据绘制 2 级流程框，绘制步骤与步骤 3 类似此处不做重复叙述。需要说明的是因为此例的数据采用混合连接，所以在制作过程中要注意图表对应的数据源是否正确。一个快速检验某张图表使用了哪个数据源的方式是回到该图所在的工作表，查看左侧边条数据窗格中哪个数据标识符是蓝色的，如图 2-171 所示。

步骤 5：制作一个触发展开到 2 级流程的按钮，也可以选择不做此按钮通过点选 1 级流程框来触发展开或者收缩的操作。使用表 2-46 中的数据，"标记"选择"形状"→将"Link"字段拖至"形状"中并匹配适合的形状→按实际需求美化按钮后得到图 2-172。

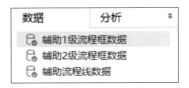

图2-171　被使用的数据源标识

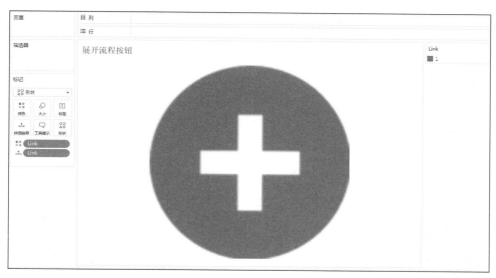

图2-172　触发流程按钮

　　步骤 6：制作流程框中实际要放的业务图表，此例用表 2-47 中的辅助数据绘制的文本表代替（实际应用中的业务数据要增加辅助关联列"Link"字段来与所在层级的辅助数据进行关联）。将"辅助 2 级流程框数据"中的"记录数"字段拖至"文本"→单击"文本"按实际需求设置字体的格式等后得到图 2-173。

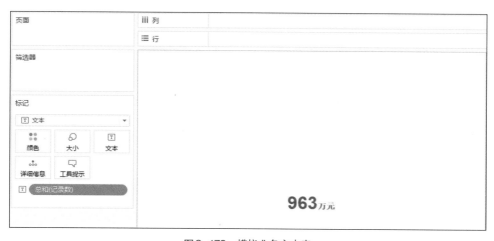

图2-173　模拟业务文本表

　　步骤 7：流程框中需要放置的其他内容的制作过程与步骤 6 类似。选择"新建仪表板"→按图 2-174 所示，将做好的所有工作表放入仪表板中，放置的模式可以选择"浮动"或者"平铺"两种。

　　步骤 8：选择菜单栏中的"仪表板"选项，依次选择"操作"→选择"添加操作"→"筛选器"→按图 2-175 所示进行具体的配置，主要的配置思想是主流程框及框内放置的内容与展开按钮一直显示在界面上，流程线、2 级

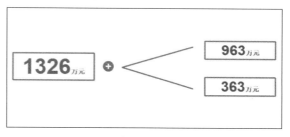

图2-174　流程图各组件摆放位置

流程框及内容通过点击展开按钮显示，不点隐藏（关于 Tableau 中的操作功能后续章节会详细介绍）。

图2-175　操作配置

步骤9：最后点击触发按钮，测试效果如图 2-176 所示（此例是二层关系的流程图，多层关系的做法与之类似）。

一般不建议在目前版本的 Tableau 中制作此例类似的流程图，因其灵活性、扩展性很差。遇到此类需求可以考虑用桑基图或者其他容易制作并且扩展性和灵活性比较好的图表代替。本例只是为必须要在 Tableau 中实现类似的流程图提供一种可能的参考做法。如果对流程图的需求十分多，可以在 Tableau 的社区对该功能投票。

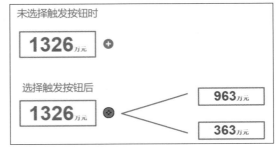

图2-176　动态流程图演示效果

第 3 章 Tableau 实用功能

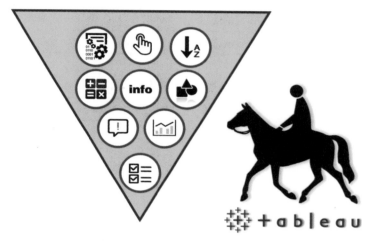

用过筷子的人知道它是平时吃饭时使用的一种工具，但对于从来没有见过、使用过筷子的人来说，它到底有什么功能和作用是让人难以捉摸的，他们或许能把筷子当作书写用的笔也不足为奇。同样就使用筷子本身而言，有的人用得好可以夹住圆形这般容易滑漏的食物，有的人用得不好甚至夹不稳普通的饭菜。

Tableau 也是如此，不同的人使用它做出来的可视化分析内容可能存在天壤之别。是什么原因造成人们对同一工具的使用而结果却千差万别呢？答案往往在于使用的人本身没有充分地了解自己手中的工具，不知道它到底有什么功能或者能用这些功能来做什么。如同"千里马常有，而伯乐不常有"一般，如果将 Tableau 比作千里马，那么你是它的伯乐吗？

3.1　如何选择合适的数据合并方式

当我们在 Tableau 中展开分析之前，最重要的一个步骤是检查我们在 Tableau 中访问的数据是否合理。如果在 Tableau 中访问的数据源仅仅是一个单表，那么通常只存在单表中的字段是否能够兼容显示类的问题。如果涉及多个表的合并，那么不合理的数据合并方式往往会导致我们的分析结果与预期不相符。如何选择数据的合并方式呢？怎样的数据合并方式会使我们的数据源更加高效？

通常在 Tableau 中合并数据的方法有 3 种，每一种合并数据的方式都有自身所适应的一些条件。

3.1.1　连接

连接是用于合并通用字段（通用列）关联表的一种方式，使用连接合并数据后，通常会产生一个通过添加数据列横向扩展的虚拟表。例如您正在分析客户购买商品的数据，该数据可能有两张表如表 3-1 和表 3-2 所示。表 3-1 中包含商品 ID、顾客名和购买商品名称，表 3-2 中包含商品 ID、价格、成本。两个表之间的相关字段就是 ID。

表3-1　　　　　　　　　　　　　　　　客户购买商品数据之一

ID	顾　客　名	购买商品名称
1032	Jame	桌子
1028	Flank	电脑
1156	Tank	笔记本
1421	Annie	可乐

表3-2　　　　　　　　　　　　　　　　客户购买商品数据之二

ID	价　格	成　　本
1032	380	300
1028	9999	6700
1156	25	10
1421	6	2
1379	199	120

在 Tableau 中为了将这两个表放在一起分析，可以通过"ID"字段连接两个表得到表 3-3。

表3-3　　　　　　　　　　　　　　　　客户购买商品数据之三

ID	顾　客　名	购买商品名称	价　格	成　　本
1032	Jame	桌子	380	300
1028	Flank	电脑	9999	6700
1156	Tank	笔记本	25	10
1421	Annie	可乐	6	2

此时就可以回答诸如"每个客户购买的商品利润是多少"之类的问题。在 Tableau 中通过使用连接、合并这些表，可以查看并且使用不同表中的相关数据。

通常可以使用如表 3-4 所示的 4 种类型的连接在 Tableau 中合并数据，包括内连接、左连接、右连接和完全外部连接。

表3-4　　　　　　　　　　　　　　　　数据连接类型

连接类型	连接符号	结　　果
内连接	◉	使用内连接来合并表时，生成的表将包含与两个表均匹配的值

续表

连接类型	连接符号	结　　果
左连接		使用左连接来合并表时，生成的表将包含左侧表中的所有值以及右侧表中的对应匹配项。当左侧表中的值在右侧表中没有对应匹配项时，将在数据网格中显示null值
右连接		使用右连接来合并表时，生成的表将包含右侧表中的所有值以及左侧表中的对应匹配项。当右侧表中的值在左侧表中没有对应匹配项时，将在数据网格中显示null值
完全外部连接		使用完全外部连接来合并表时，生成的表将包含两个表中的所有值。当任一表中的值在另一个表中没有匹配项时，将在数据网格中显示null值

通常需要连接合并的表来源于两种模式，包括连接合并同一个数据库中的表及连接合并不同数据库中的表。

1. 连接合并同一个数据库中的表

如果需要分析的表来自同一个数据库、Excel 或文本，那么数据源中只需要一个连接。通常连接来自同一数据库的表性能会更好，因为查询存储在同一数据库中的数据需要的时间较短，并且会利用数据库的本机功能来执行连接。具体的操作步骤如下。

步骤 1：在开始界面上的"连接"下，单击一个连接器以连接数据。此步骤会在 Tableau 数据源中创建第一个连接。

步骤 2：将所需的表拖至右边的容器中，如图 3-1 所示。

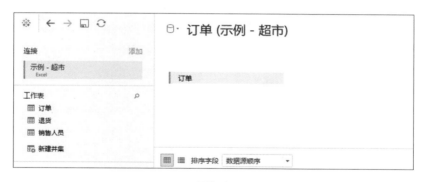

图3-1

步骤 3：双击另一个表或将其拖至右边的容器中，单击连接关系如图 3-2 所示。

图3-2

步骤 4：选择连接运算符并从添加的表中选择字段来添加一个或多个连接条件。检查连接条件以确保它能反映我们需要连接表的方式，如图 3-3 所示。

图3-3　连接条件设置

步骤 5：完成后，关闭"连接"对话框，查看数据网格，确保连接生成了预期结果。

2. 连接合并不同数据库中的表

从 Tableau Desktop 10.0 版本开始，如果需要分析的表存储在不同的数据库、Excel 或文本中，那么可以使用跨数据库连接来合并表。跨数据库连接首先需要设置一个多连接数据源，即在连接表之前创建到每个数据库的新连接。当连接到多个数据库时，数据源会变为多连接数据源。如果需要为使用不同内部系统的组织分析数据时，或者需要处理分别由内部和外部管理的数据时，多连接数据源可能具有优势。具体的操作步骤如下。

步骤 1：在开始界面上的"连接"下，单击一个连接器以连接数据。此步骤会在 Tableau 数据源中创建第一个连接。

步骤 2：将所需的表拖至右边容器中如图 3-4 所示。

图3-4

步骤 3：在左侧窗格中的"连接"下，单击"添加"按钮以将新连接添加到 Tableau 数据源如图 3-5 所示。

步骤 4：选择连接运算符并从添加的表中选择字段来添加一个或多个连接条件。检查连接条件以确保它能反映我们需要连接表的方式。

步骤 5：完成后，关闭"连接"对话框，表和列将着色以显示数据所来自的连接，如图 3-6 所示。

步骤 6：关于使用多连接数据源要特别注意以下问题。

（1）连接到多连接数据源中的数据提取文件时，需要确保与数据提取（.tde 或 .hyper）文件的连接是第一个连接，此时会保留可能属于数据提取的任何自定义项，包括字段默认属性的更改、新创建的计算字段、创建的组、更改的字段别名等。如果需要连接到多连接数据源中的多个数据提取文件，目前只会保留第一个连接的数据提取文件中的自定义项。

图3-5 添加数据源

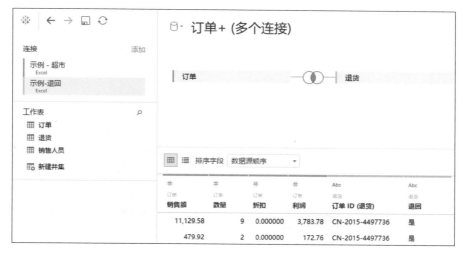

图3-6 跨库连接示意图

（2）数据库中的存储过程不可用于多连接数据源。

（3）若要对数据进行透视，必须使用同一连接中的文本列或 Excel 列，不能在透视中包括不同数据库中的列。

（4）对于每个连接，Tableau 会向连接中的数据库发送独立查询，并采用数据提取的文件格式将结果存储在一个临时表中。当执行跨数据库连接时，Tableau 会将这些临时表连接在一起，这些临时表是 Tableau 执行跨数据库连接所必需的。

3. 连接常见的问题及处理方法

创建了连接之后，可以通过下方元数据管理网格查看连接是否生成了预期结果。元数据管理网格未显示预期数据有以下几种情况。

（1）无数据或缺数据

如果数据网格中未显示或缺少某些数据，此时可能需要更改连接类型或连接条件中使用的连接字段。如果怀疑连接中的字段不匹配，通常可能是字段中的字符串值或日期值格式之间的不匹配引起的，可以使用计算解决连接字段之间不匹配的问题。

例如遇到字符串不匹配时：假设一张表中的"Name"字段中的值存在大小写，而另一张表"Name"字段中的值只存在大写。此时通过"Name"字段关联两个表会出现缺数据或无数据的情况。在 Tableau 中可以通过创建计算"UPPER（Name）"将"Name"字段中的值全部转换为大写，然后再通过转换后的字段关联两张表。

例如遇到日期不匹配时：假设一张表的日期字段"Date"的显示是 2012，另一张表的日期字段"Date2"的显示为 1/1/2012。此时可以通过在 Tableau 中创建计算：Date('01/01'+str(DATE)) 和 Date(DATETRUNC('year',DATE2)) 关联两张表。

（2）重复数据

如果看到重复的数据，可以考虑更改分析中使用的度量的聚合方式（例如用 MIN 或 AVG 聚合来移除重复计数）、使用计算去重（例如创建一个计算用总和 / 导致重复的字段实例数，或使用 LOD 函数移除重复计数）、改用数据混合的方式合并数据（后续会介绍该方法）或使用自定义 SQL 将表改为适合分析的结构。

（3）多个值为 Null

如果看到多个不需要的 Null 值，可能需要将连接类型从完全外部连接更改为内连接类型。

（4）其中一个表全为 Null 值

如果一个表的所有值均为 Null，表示所连接的表之间没有匹配项。如果这不是预期结果，可以考虑更改连接类型。

3.1.2　混合

数据混合也叫数据融合，指在单个工作表上融合来自多个数据源的数据。与连接相同，使用数据混合合并数据后会产生一个通过添加数据列横向扩展的虚拟表。数据混合的工作方式：使用辅助数据源中的数据补充主数据源中的数据，数据在公用维度上进行连接，不会创建行级别的连接，并且不向数据添加新维度或行。例如您在 Oracle 中存储了交易数据，在 Excel 中存储了配额数据。由于您要合并的数据存储在不同数据库中，并且在两个数据源中每个表获取的数据粒度不相同，那么通常数据混合是合并此数据的最佳方法。

1．混合数据的应用场景

采用混合的方式合并数据源一般应用在以下场景中。

（1）连接导致数据重复

采用连接的方式合并数据后出现数据重复是位于不同详细级别的数据的症状。如果发现重复数据，在用 LOD 函数去重比较麻烦或者失效的情况下，可以使用公用维度进行数据混合，而不是通过创建连接的方式合并数据。

（2）连接性能很慢

通常，建议使用连接来合并同一数据库中的数据，因为由数据库进行连接，可以利用数据库的一些本机功能。但是如果使用很大的数据集，那么连接可能会给数据库带来压力，并显著地影响性能。在这种情况下，数据混合的效果相对较好。因为 Tableau 在数据聚合之后处理数据合并，所以要合并的数据相对连接会减少，通常性能就会有所改进（在依据某个具有高粒度级别的字段，例如日期而非年份进行混合时，查询速度可能很慢）。

（3）数据需要在 Tableau 中做一些清理

如果连接后的表彼此未正常匹配，可以为每个表设置单独的数据源，进行任何必需的自定义（重命名列、更改列的数据类型、创建组、使用计算等），然后使用数据混合的方式来合并数据。

（4）数据位于不同的详细级别

有时一个数据集会使用比其他数据集更大或更小的粒度来捕获数据。例如交易数据可能会捕获所有交易，但是配额数据可能会在季度级别聚合交易次数。如果需要在每个数据集中的不同详细级别捕获交易值，建议使用数据混合来合并数据。

（5）想合并的数据来自跨数据库连接不支持的不同数据库

跨数据库连接不支持多维数据集连接（例如 Oracle、Essbase）和一些纯数据提取连接（例如Salesforce）。在这种情况下，就需要将分析所需的数据设置为单独的数据源，然后使用数据混合在一个工作表上合并数据源。

2．混合数据必备的条件及步骤

数据混合需要主数据源和至少一个辅助数据源。指定主数据源后，在工作表上使用的任何后续数据源会被视为辅助数据源，并且视图中只会显示在主数据源中具有对应的匹配项的辅助数据源列（多维数据集必须用作主数据源，不能用作辅助数据源）。指定了主数据源和辅助数据源之后，还必须定义这两个数据源之间的一个或多个公用维度，此公用维度称为链接字段。混合数据的具体操作步骤如下所示。

步骤 1：连接到数据并设置数据源。第一个数据源的连接方式与一般连接数据的方式一样，第二个数据源通过"新建数据源"或快捷键 <Ctrl>+<D> 设置。

步骤 2：在左侧边条的数据窗格中设置主数据源。通过单击想要指定为主数据的数据源，或从主数据源中将至少一个字段拖到视图中，以将其指定为主数据源。

步骤 3：在左侧边条的数据窗格中设置主辅数据源的关系。单击想要指定为辅助数据的数据源，并编辑主辅数据源之间的关系。编辑了关系的辅助数据源会在公用字段处显示一个活动链接图标，此时可以通过手动点击该图标以断开或闭合与主数据源之间的联系。

3．混合常见的问题及处理方法

创建了数据混合之后，一些经常遇到的问题及应对策略如下。

（1）辅助数据源不存在与主数据源的关系

在将字段从辅助数据源拖到视图上时，可能会看到一个显示以下内容的警告"无法从 [辅助数据源名称] 数据源使用字段，因为与主数据源没有关系。在'数据'窗格中，切换到 [辅助数据源名称] 数据源，并至少单击一个链接图标以混合这些数据源。"此警告在辅助数据源中没有活动链接图标时出现，一般情况下 Tableau 会自动连接具有相同名称的字段。如果字段没有相同名称，那么必须在"编辑关系"选项中定义字段之间的关系。

（2）主辅数据来自相同数据源中的表

在将字段从辅助数据源拖到视图上时，可能会看到一个显示以下内容的警告"主要连接和辅助连接来自相同数据源中的表。使用'连接'而不是'数据'菜单加入数据。连接可以集成来自许多表的数据，并可以改进性能和筛选功能。"当工作簿包含连接到同一数据库的单独数据源时，会出现此警告。虽然可以用混合数据的方式合并数据，但是 Tableau 建议改用连接来合并相同数据库中的数据。连接通常由数据库进行处理，这意味着连接会利用数据库的本机性能从而提升性能。

（3）无法混合辅助数据源，一个或多个字段使用未支持的聚合

数据混合在非累加聚合（例如 COUNTD、MEDIAN 和 RAWSQLAGG）方面有一些限制。非累加聚合是指生成的结果无法沿维度进行聚合的聚合函数。作为替代，实际分析中所需的这些值必须单独计算（数字函数中除了 MAX 和 MIN 外其他都是非累加聚合，其余函数类型可在 Tableau 帮助文档中查阅）。发生此类问题的可能原因及解决办法如下。

1）主数据源中的非累加聚合

只有当数据源中的数据来自允许使用临时表的关系型数据库时，主数据源中才支持非累加聚合。为了解决此问题，可以创建数据源的数据提取，因为数据提取支持临时表。

2）辅助数据源中的非累加聚合

只有视图包括主数据源中的链接字段时，辅助数据源才支持非累加聚合。某些数字函数在包括累加聚合的情况下仍可用，如 ROUND(SUM([Sales]),1)，而不是 ROUND([Sales],1)。

3）使用实时连接的多连接数据源中的非累加聚合

使用实时连接来连接到数据的多连接数据源不支持临时表。因此，如果使用通过实时连接来连接到数据的多连接数据源，将无法借助非累加聚合来使用混合功能。为了解决此问题，可以考虑创建多连接数据源的数据提取。

4）辅助数据源中的 LOD 函数

如果想在使用数据混合的视图中使用详细级别表达式，可能会发生 LOD 函数提示缺少使用条件等错误。为了解决该错误，需要确保主数据源中的链接字段位于视图中，然后即可在辅助数据源中使用 LOD 表达式。

5）以主数据源形式发布数据源

对于 Tableau Desktop 8.3 及更早版本，Tableau Server 不支持临时表，因此如果使用发布的数据源作为主数据源，将无法借助非累加聚合来使用混合功能；对于 Tableau 9.0 及更高版本，可以在用作主数据源的已发布数据源中将 COUNTD 和 MEDIAN 与混合功能结合使用，但是之前列出的其他限制仍然存在。

（4）工作表出现星号（*）显示

在混合数据时，需要确保主数据源中的每个标记在辅助数据源中只有一个匹配值。如果有多个匹配值，则在混合数据后生成的视图中会出现星号。如果视图出现星号可以考虑将主数据源中较高粒度级别的字段添加到工作表中，或者重建视图以相互切换主数据源和辅助数据源。通常应该将具有较高粒度级别的数据源设为主数据源。

（5）混合数据源后出现 Null 值

数据混合的工作方式是根据链接字段用辅助数据源中的数据补充主数据源中的数据。这意味着 Tableau 会获取主数据源中的所有数据，但只获取辅助数据源中对应的匹配项。那么出现 Null 值的原因可能是：对于主数据源中的对应值，辅助数据源未包含值、混合的字段的数据类型不同或主数据源与辅助数据源中的值使用不同的大小写。遇到此类问题可以通过在辅助数据源中插入缺少的数据，以便主数据源中的所有记录都有一个匹配项、验证主数据源和辅助数据源中的数据类型是否匹配或验证主数据源和辅助数据源中的值大小写是否匹配来解决问题。

（6）排序无法正常使用

当需要按使用混合数据的计算字段进行排序时，计算字段未列在"排序"对话框的"字段"下拉列表中，因为计算排序将考虑基础数据的结构，使用混合数据时数据结构的定义不清晰，所以计算排序将无法工作。可以通过使用工具栏上的排序按钮或手动排序对数据进行排序。

当工具栏中的计算排序选项无法使用（显示为灰色）时，这是因为在使用数据混合时，自

动排序选项无法正常捕捉辅助数据源的维度。这种情况可以通过手动更改字段默认属性的排序方式，或者在辅助数据源中创建一个用于对需要排序的度量进行聚合的计算字段，然后将其转换为离散拖至功能区最左侧位置充当排序维度（默认情况下，值将按升序进行排序。如果要按降序排序，可以在计算中聚合度量的前面添加负号）。

（7）URL 动作的行为不符合预期

当需要将 URL 操作添加到仪表板时，无法将辅助数据源中的字段添加到 URL 中这是因为在 Tableau 中来自辅助数据源的字段不能用 URL 操作。这种情况可以通过创建一个新的工作表，将包含在 URL 中使用的字段的数据源作为工作表中的主数据源解决该问题。

（8）动作筛选器未按预期方式工作

当动作筛选器与混合数据配合使用时，筛选器可能无法按预期方式工作。因为如果用于混合的字段未包含在受动作筛选器影响的视图中，那么 Tableau 无法识别要用于动作筛选器的信息。可以通过将链接字段放在受动作筛选器影响的所有工作表中、使用跨数据库连接代替混合数据或创建主组的方式解决该问题。关于创建主组这里需要说明一下。例如现在有两张表，第一张表有地区、省份字段，第二张表有省份、销售额字段。使用数据混合的方式通过省份字段合并数据后，想通过地区字段筛选以第二张表作为主数据源时所做的工作表，此时可以通过创建主组解决该问题。操作步骤：新建一张工作表，将第二张表的省份字段拖至行→将第一张表的省份和地区字段也拖至行→右键单击地区字段，创建主组。此时没有地区字段的数据源会拥有通过关联字段省份分组形成的地区字段→最后关联两个地区字段即可正常筛选。需要特别注意：主组功能不是动态变化的，如果数据发生变化，需要手动重新创建主组方能正常工作。所以它不是频繁更新的数据的出色解决方案。

（9）数据源发布时，使用 COUNTD 函数的计算变得无效

出现该问题的原因是在不支持创建临时表的场合用了非累加聚合，可以通过创建一个与 COUNTD 效果类似的表计算代替，具体步骤如下。在 Tableau Desktop 中，打开包含无效字段的工作表→创建计算：IF FIRST()=0 THEN WINDOW_SUM(MIN(1)) END →用创建的字段替换无效字段→将原 COUND 计算中使用的维度拖到标记卡详细中→创建的表计算的计算依据选择该维度。其他非累加聚合函数报错时如果能用其他计算代替，也可以考虑使用类似的方法解决问题。

（10）选择"查看基础数据"后，只显示主数据源中的数据

因为通过"查看数据"查看辅助数据源中的数据的功能未内置到产品中，所以目前采用混合合并的数据源只能查看到主数据源中的数据。这种情况可以通过改为跨数据库连接合并数据的方式或者创建一个新的工作表并构建一个显示基础数据的交叉表视图，然后使用仪表板和仪表板操作功能来导航视图进行数据查看。

3.1.3　并集

并集是一种将值（也就是行）附加到表的方法，通常通过此方法合并具有相同列的表，合并数据后会生成一个虚拟表与此表具有相同的列，但会通过添加数据行进行纵向扩展。

1. 并集的应用场景

很多企业在实际采集录入业务数据的过程中，会将数据结构相同但时间段不同的表按时间分开存储。在实际的业务分析时往往需要综合所有时间进行分析，此时就可以通过并集的方式将数据合并在一起展开分析。

2. 并集的操作步骤

步骤 1：手动合并表。在数据源页面上，双击"新建并集"以设置并集→从左侧窗格中将表拖到"并集"对话框中→从左侧窗格中选择另一个表并将其拖到第一个表的正下方即可。

步骤 2：使用通配符搜索来合并表。在数据源页面上，双击"新建并集"以设置并集→在"并集"对话框中单击"通配符 (自动)"→输入搜索条件，来让 Tableau 使用此条件查找要包括在并集中的表即可。

3. 并集使用中需要注意的问题

（1）无法使用并集合并数据库存储过程。

（2）若要合并 JSON 文件，必须有 .json、.txt 或 .log 扩展名。

（3）使用通配符搜索来合并 PDF 文件中的表时，合并结果的范围限定于在所连接到的初始 PDF 文件中扫描的页面。

（4）合并表可在连接中使用或在与另一个合并表的连接中使用，并且并集生成的字段（"工作表"和"表名称"）可用作连接键。

（5）并集合并相同连接内的表，不能合并不同数据库中的表。

（6）处理数据库数据时，也可以将并集转换为自定义 SQL。

3.2   如何选择正确的计算类型

说到计算类型，我们首先要了解在 Tableau 中何时需要用到计算。如果基础数据未包含回答实际问题所需的所有字段，此时我们可以应用 Tableau 中自带的一些函数去创建新的计算字段，然后将其保存为数据源的一部分。那么什么是计算类型呢？其实就是我们在创建新字段时，可以使用的以下 3 种主要类型的计算，包括：基本计算、LOD 计算和表计算。

1. 基本表达式（基本计算）

这些计算是作为 Tableau 创建的查询中的一部分编写的，因此是在底层数据源中完成的。它们可以以数据源的粒度（行级计算）或视图的详细级别（聚合计算）转换值或成员。

2. 详细级别表达式（LOD 计算）

与基本计算一样，LOD 表达式也作为 Tableau 创建的查询的一部分写入，因此也是在数据源中完成的，它们也可以在数据源级别和视图级别计算值。不同之处在于 LOD 表达式可以更好地控制要计算的粒度级别。它们可以在较高粒度级别 (INCLUDE)、较低粒度级别 (EXCLUDE) 或完全独立级别 (FIXED) 执行计算。

3. 表计算

表计算在查询返回后执行，因此只能对查询结果集中的值进行操作。它们只能在视图详细级别转换值。

3.2.1   选择基本计算还是表计算

面对分析时该选择基本计算还是表计算，可以通过如流程图 3-7 所示的判断过程进行选择。

图3-7 选择基本计算或者表计算

当我们尝试在基本计算和表计算之间进行选择时，一个重要的判断依据是自己是否已经拥有了可视化所需分析的所有数据值？如果是，则不需要与数据源进行进一步的交互，可以选择表计算。并且使用表计算的好处是所需处理的数据较少（只使用结果集中的聚合数据值进行计算），视图性能会快一些。如果不是，那么只能通过访问基础数据源使用基本计算解决问题。对于选择基本计算还是表计算可以参考以下示例（采用 Tableau 自带的"示例—超市"数据）：每个地区销售额第 90 个百分位是多少？回答这个问题有以下两种方式。

1. 使用基本计算

步骤 1：将"地区"字段拖至"行"，"销售额"字段拖至"列"。

步骤 2：按图 3-8 所示创建销售额的第 90 个百分位字段。

步骤 3：将该字段拖至"标签"，这将为每个地区的第 90 个百分位生成一个值，作为各个条形的标签如图 3-9 所示。

图3-8 销售额第90个百分位内容

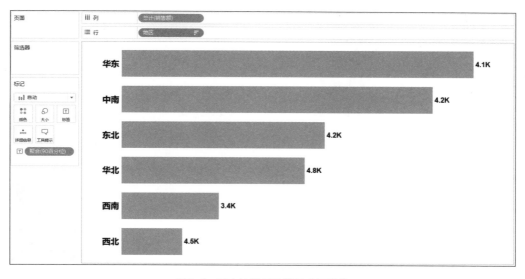

图3-9 基本计算创建第90个百分位

2. 使用表计算

步骤 1：将"地区"字段拖至"行"，"销售额"字段拖至"列"。

步骤 2：选择菜单栏"分析"选项→不勾选"聚合度量"（解聚）。

步骤 3：选择左侧边条的"分析"→选择"分布区间"→选择"单元格"→按图 3-10 所示进行具体的配置后得到图 3-11。

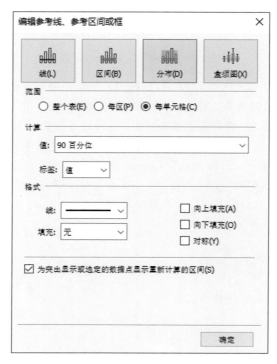

图3-10　分布区间具体设置

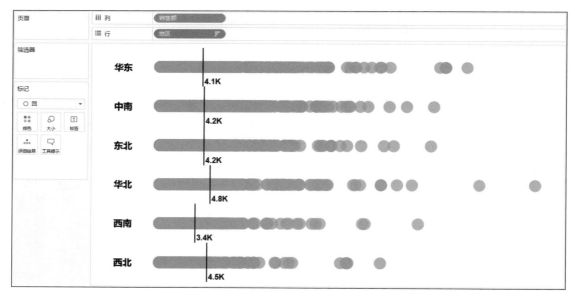

图3-11　表计算创建第90个百分位

图 3-12 是两种计算方式所生成的同样的分析内容。

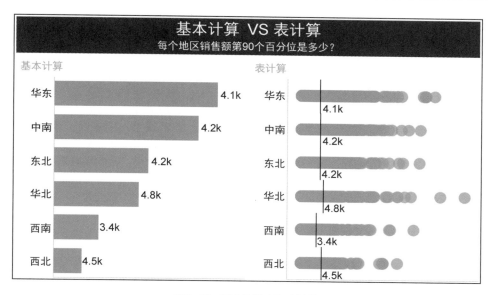

图3-12 基本计算 VS 表计算

图3-12中左右两个工作表都实现了同样的效果，如果只是对第90个百分位的值感兴趣并且不需要进一步的分析，那么左侧的图表将是最佳的选择。它通过在基础数据源中计算的基本聚合提供最小结果集（每个地区一个数字）。但是，如果想获得进一步的见解（例如了解更大的分布和识别离群值）或添加其他聚合（例如，还希望获得中值），那么右侧的图表无须进一步查询即可完成此操作。该图返回了所有订单明细记录（绿点）的初始查询值，提供了本地计算第90个百分位所需的所有数据。选择基本计算还是表计算需要针对分析目的以及视图当前的数据和所需实现的视图布局。

3.2.2 选择基本计算还是详细级别表达式

面对分析时该选择基本计算还是详细级别表达式，可以通过如流程图3-13所示的判断过程进行选择。

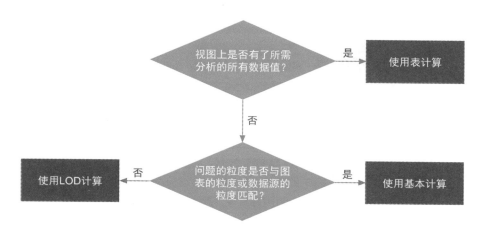

图3-13 选择基本计算还是详细级别表达式

如果可视化项上没有分析需要的所有数据，那么就需要将计算传递到数据源，这意味着必须使用基本计算或者 LOD 表达式。此时该如何选择是使用基本计算还是使用 LOD 计算呢？一个重要的判断依据是：所需分析的粒度是否与视图的粒度或数据源的粒度相匹配。如果是，可以选择使用基本计算，若不是就需要用到 LOD 计算了。例如当我们遇到在粒度级别为订单 ID（本例采用 Tableau 自带的示例—超市数据）的情况下，需要回答诸如"每个地区销售额的第 90 个百分位是多少？"此类的问题时，可以参考以下步骤。

步骤 1：首先熟悉 Tableau 自带示例—超市数据的人会发现每个"订单 ID"有一行数据，所以如果要解决上面的问题，需要考虑数据源的粒度是订单明细（订单 ID），而视图的粒度是地区，两者的粒度不匹配。

步骤 2：视图粒度小于所需分析的数据源粒度，依照图 3-13 所示的判断流程选用 LOD 计算。需要添加更详细的数据粒度，用关键字 INCLUDE 或者 FIXED 都可以。

步骤 3：创建 INCLUDE 表达式，如图 3-14 所示，或创建相同效果的 FIXED 表达式，如图 3-15 所示。

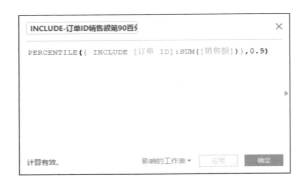

图3-14　INCLUDE表达式的内容　　　　　图3-15　FIXED表达式的内容

步骤 4：将"地区"字段拖至"行"，创建的两个 LOD 表达式拖至"列"，还可以按图 3-8 所示创建一个基本计算 (按数据源粒度) 的销售额第 90 个百分位字段，将其也拖至"列"做对比，如图 3-16 所示。

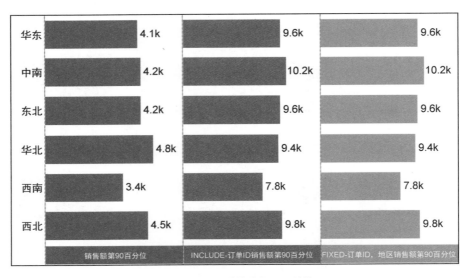

图3-16　基本计算或者LOD计算

3.2.3 选择表计算还是详细级别表达式

面对分析时该选择表计算还是详细级别表达式，可以通过如流程图 3-13 所示的判断过程进行选择。在选择表计算还是 LOD 计算时，其过程与选择表计算还是基本计算非常相似。重要的判断依据是视图上是否已经有了所有需要的数据值。如果是，可以使用表计算；如果不是，再询问自己问题的粒度是否与视图的粒度或数据源的粒度匹配。如果是，可以使用 LOD 计算。

3.2.4 哪些场景仅能使用表计算

如何判断哪些场景中只能使用表计算可以通过如流程图 3-17 所示的判断过程进行选择。

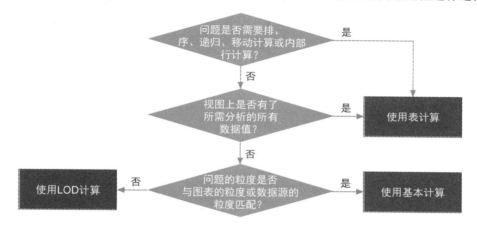

图3-17　只能选择表计算

当遇到排名、递归（例如累计总计）、移动计算（例如移动平均）和内部行计算（例如期间对照计算）等场景时只能使用表计算。此外表计算能够为每个数据分区（单元格、区、表）输出多个值，而基本计算和 LOD 表达式只能为每个数据分区或分组输出单一值。

以上所介绍的内容只能作为参考，选择哪种计算类型最终还是取决于自己的实际分析需求、自己想要回答的问题及视图的布局。另外对于同一分析需求，如果可以应用不同类型的计算去解决，往往还需要考虑实现该计算的灵活性、简单性、扩展性以及视图的性能。比如有时候使用 LOD 计算查询会很慢，可以考虑在能使用基本计算或者表计算的前提下，替换 LOD 计算。

3.3　详细级别表达式（LOD）

LOD 函数也被称为详细级别表达式，在正式介绍 LOD 函数之前我们先来聊聊什么是详细级别。详细级别与数据源的结构有关，在 Tableau 中就是按当前视图中加入的维度对数据进行聚合。例如我们拖了国家和销售额字段，当前视图的详细级别是在国家层面上聚合数据。类似于 SQL 查询语句中的"select...from...group by..."。

在 Tableau 中将维度字段拖至如图 3-18 所示红色框标记的区域内，会更改视图的详细级别。

那么什么是详细级别表达式呢？详细级别表达式是指不需要将实际维度拖入可视化内容中，就可以确定在计算中使用的详细级别（即维度），它可以独立于视图的详细级别，定义应以什么详细级别来执行计算。

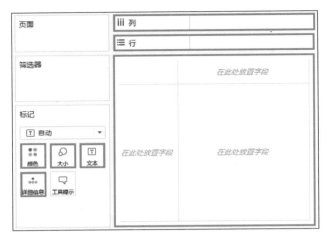

图3-18   影响视图详细级别的区域

详细级别表达式的语法如下：{ 范围关键字 [维度声明] ：聚合方式 ([表达式])}。其中关键字的类型有 3 种包括 EXCLUDE、INCLUDE 和 FIXED，每一种都会让详细级别表达式有不同的范围。[维度声明] 部分可指定零个或多个维度，用于在计算聚合表达式的值时供范围关键字引用；[聚合方式] 就是要执行的计算。整个详细级别表达式都要括在 { } 中。

3.3.1 EXCLUDE 表达式的适用场景

EXCLUDE 表达式以较高的详细级别进行运算。该关键字的特点在于 Tableau 会先从视图详细级别中删除所需排除的维度并执行计算（假设该维度完全不存在），然后显示相关结果。图3-19 展示了 Tableau 如何执行 EXCLUDE 详细级别表达式。

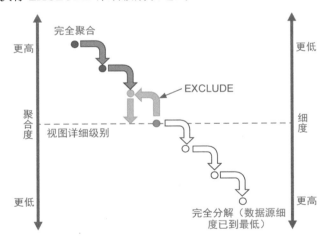

图3-19   EXCLUDE执行原理

如何理解图 3-19 呢？比如我们的数据有国家、省份、城市 3 个层级，按照数据源细度来分，国家所在的细度最低，城市所在的细度最高，刚好与视图的聚合程度反相关。例如当我们只拖国家和销售额指标在视图里时，销售额指标按照国家层级汇总其聚合度最高，当我们依次加入省份和城市时（数据越来越明细）销售额指标的聚合度会越来越低。此时若想提高视图的聚合度，可以应用 EXCLUDE 函数，比如当我们的视图里只有省份层级下的销售额指标时，若我们创建应用了如下字段：{EXCLUDE[省份] : SUM([销售额]) }，相当于排除了省份层级（实际视图中的省份字段仍在）。此时该字段按国家层级聚合，视图的聚合程度会提高。此外需要注意所有 EXCLUDE 表达式在置于视图上时都会用作度量或聚合度量。此类表达式很适合计算"总额百分比"或"与整体平均值之间的差值"等。

EXCLUDE 表达式有什么具体的应用场景呢？（以下示例均使用 Tableau 自带"示例—超市"数据源中的订单表）

对比销售额分析

所有商品子类别的销售额与当前选择商品销售额的差异。

步骤 1：右键单击"子类别"字段选择"创建"→选择"参数"并将其命名为"选择某一个子类别"。

步骤 2：如图 3-20 所示，创建"所选子类别销售额"字段。

步骤 3：如图 3-21 所示，创建"与所选子类别销售额差异"字段。

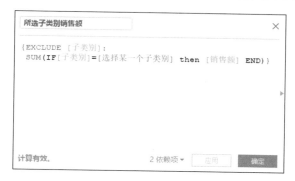

图3-20 "所选子类别销售额"字段内容　　　　　图3-21 "与所选子类别销售额差异"字段内容

步骤 4：将"与所选子类别销售额差异"字段拖至"列"，"子类别"字段拖至"行"，如需对比可以再拖一个"销售额"字段至"列"。右键单击"选择某一个子类别"参数→选择"显示参数控件"，按需调整视图其他细节后得到图 3-22。此时就可以通过选择参数（本例选择参数内容为"桌子"）来查看选中商品的销售额与其他商品销售额的差异。

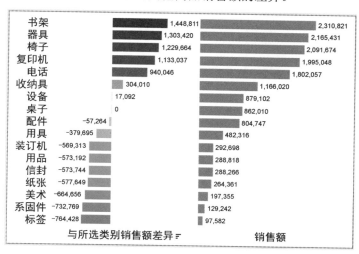

图3-22 子类别商品销售额对比分析

3.3.2　INCLUDE 表达式的适用场景

INCLUDE 表达式以较低的详细级别进行运算。该关键字的特点在于它可以创建聚合度低于（即数据细度较高）可视化详细级别的表达式。其在执行计算前，指定维度会先添加到可视化详细级别中，如图 3-23 展示了 Tableau 如何执行 INCLUDE 详细级别表达式。

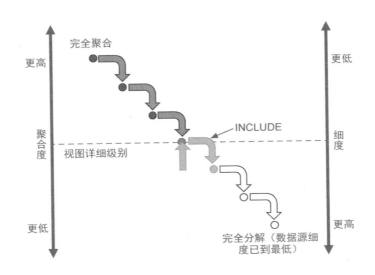

图 3-23　INCLUDE 执行原理

如何理解图 3-23 呢？假如数据有省份、城市两个层级，当我们只拖省份和销售额指标在视图里时，销售额指标按照省份层级汇总视图详细级别在省份层面，此时若想对比查看每个省份中，销售额最大的城市的具体销售额是多少（降低视图的聚合度）？可以使用 INCLUDE 表达式创建应用如下字段：MAX({ INCLUDE [城市] : SUM([销售额]) })，相当于添加了城市层级（实际视图中没有城市字段）。此时该字段按省份、城市层级聚合，视图的聚合程度会下降。此外需要注意所有 INCLUDE 表达式在置于视图上时都会用作度量或聚合度量。此类表达式很适合计算"考虑细微差别 (整体上目标与实际完成的情况中，细分类别达标的占比情况) 的实际对比目标分析"或"周期最后一天的价值分析（表示具体某个时间状态的数据，如库存数、员工实际人数或存货的月清算值等，需要与可以聚合的指标如销售额或数量等区别对待，还可向下钻取查看每日级别）"等。

INCLUDE 表达式有什么具体的应用场景呢？（以下示例均使用 Tableau 自带"示例—超市"数据源中的订单表）

例如解决周期最后一天的价值的问题：哪些月最后一天的销售数量拉低了月平均销售数量？

步骤 1：如图 3-24 所示，创建"每个阶段最大日期"字段。

步骤 2：如图 3-25 所示，创建"最后一天数量"字段。

步骤 3：如图 3-26 所示，创建"每个月平均销售数量"字段。

图 3-24　"每个阶段最大日期"字段内容

图3-25 "最后一天数量"字段内容   图3-26 "每个月平均销售数量"字段内容

步骤4：将"订单日期"字段拖至"列"并选择"月"（连续），"每个月平均销售数量"字段拖至"行"，"最后一天数量"字段拖至"行"→右键单击该字段所在的轴→选择"双轴"并且选择"同步轴"。"标记"选择"线"并调整视图其他细节后得到图3-27。

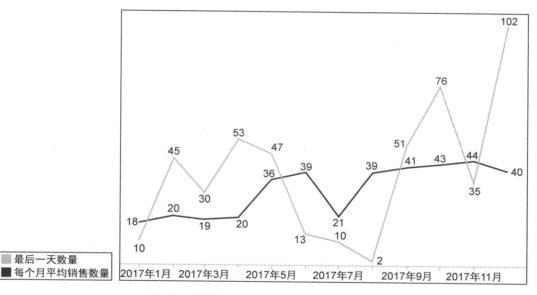

图3-27 周期最后一天商品销售数量贡献价值分析

3.3.3 FIXED 表达式的适用场景

FIXED 表达式指定确切的详细级别进行运算。该关键字的特点在于它可让我们明确定义计算的聚合级别。与 INCLUDE 和 EXCLUDE 不同，该关键字可完全独立于可视化内容中所用的维度来实现计算。FIXED 表达式结果的粒度可能会比可视化详细级别更低或更高，这具体取决于 FIXED 维度和可视化详细级别之间的关系。如图 3-28 展示了 Tableau 如何执行 FIXED 详细级别表达式。

如何理解图 3-28 呢？假如数据有国家、省份、城市 3 个层级，如果当前视图只存在省份级别，当我们拖入销售额字段，该字段会按省份级别进行聚合。如果我们想得到按国家层面聚合的销售额指标（提升聚合度）或者想看看每个省份中销售额最大的城市的具体值（降低聚合度），只需要创建如下两个字段即可：{ FIXED [国家] : SUM([销售额]) } 以及 MAX({ FIXED [城市] : SUM([销售额]) })，相当于指定了国家或者城市层级（实际视图中只有省份字段）进行聚合，其作用类似与上面介绍的 EXCLUDE 和 INCLUDE 关键字。此外需要注意 FIXED 表达式根据数据类型的不同，Tableau 会将计算结果用作维度、度量或聚合度量。此类表达式的应用场景非常多，包括"阵列分析""购买频次分析"或"新客户争取率""总额百分比"等。

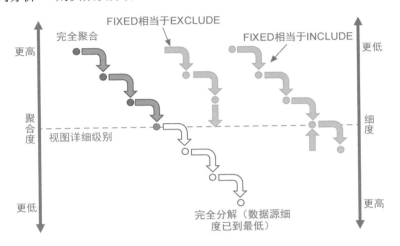

图 3-28   FIXED 执行原理

FIXED 表达式有什么具体的应用场景呢？（以下示例均使用 Tableau 自带"示例—超市"数据源中的订单表）

1. 客户订单频率（FIXED 表达式用作维度）

统计购买过一个订单、两个订单（依次类推）的客户数目是多少？

步骤 1：如图 3-29 所示，创建一个"每个客户订单次数"字段。

步骤 2：右键单击"每个客户订单次数"字段→选择"转换成维度"并将其拖至"列"。右键单击"客户 ID"字段拖至"行"→选择"计数 (不同)(客户 ID)"。调整视图其他细节后得到图 3-30。

图 3-29   "每个客户订单次数"字段内容

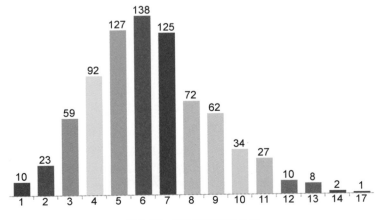

图 3-30   客户订单频率分析

2. 阵列分析（FIXED表达式用作维度）

合作时间越长的客户对销售额的贡献越大吗？

步骤1： 如图3-31所示，创建"客户首单时间"字段。

步骤2： 将"订单日期"字段拖至"列"，"销售额"字段拖至"行"，"客户首单时间"字段拖至"颜色"。"标记"选择"条形图"后得到图3-32。

步骤3： 复制步骤2中做好的工作表→右键单击"行"上的"销售额"字段→选择"快速表计算"→选择"合计百分比"→"计算依据"选择"客户首单时间"字段。将此工作表与步骤2中做好的工作表一同放置在仪表板中，如图3-33所示。

图3-31 "客户首单时间"字段内容

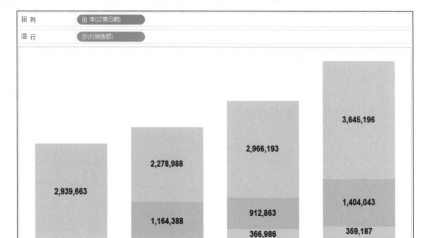

图3-32 每年首次购买客户销售额贡献情况

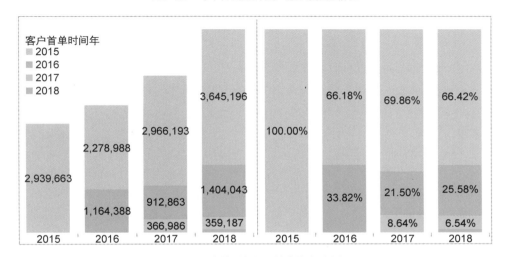

图3-33 合作时长与贡献度的阵列分析

3. 新客户争取率（FIXED 表达式用作维度筛选器）

各个市场总客户争取率的每日趋势如何？

步骤 1：应用图 3-31 所示的"客户首单时间"字段，如图 3-34 所示，创建"判断是否为新客户"字段。

步骤 2：将"判断是否为新客户"字段拖至"筛选器"区域中并选择"新"，"订单日期"字段拖至"列"并选择连续日期"天"，右键单击"客户 ID"字段拖至"行"→选择"计数 (不同)(客户 ID)"→选择"快速表计算"→选择"汇总"并将"计算依据"设置为"订单日期"字段。"地区"字段拖至"颜色"并调整视图其他细节后得到图 3-35。

图 3-34   "判断是否为新客户"字段内容

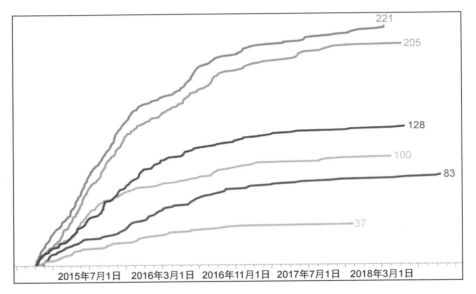

图 3-35   新客户每日争取率趋势分析

4. 各个阵列的回头客（FIXED 表达式用作维度）

如果按季度阵列划分重复购买行为，会怎么样？

步骤 1：应用图 3-31 所示的"客户首单时间"字段，如图 3-36 所示，创建"客户第二次购买时间"字段。

步骤 2：如图 3-37 所示，创建"隔几个季度重复购买"字段。

步骤 3：将"隔几个季度重复购买"字段拖至"列"→右键单击该字段选择"维度"→选择"离散"。将"客户首单时间"字段拖至"行"→先选择连续的"季度"后将其改为"离散"。右键单击"客户名称"字段拖至"颜色"→选择"计数 (不同)(客户名称)"。调整视图其他细节后得到图 3-38。

图3-36 "客户第二次购买时间"字段内容

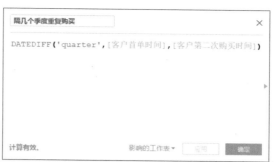

图3-37 "隔几个季度重复购买"字段内容

客户首单时间	季度 流失的		0	1	2	3	4	5	6	7	8	9	10	11	13
						隔几个季度重复购买									
2015季1			11	29	19	24	10	9	8	11	1	4	1	4	
2015季2	1		12	38	31	10	27	9	14	4	6	4	4		1
2015季3	1		16	37	20	18	10	8	5	4	3	1	1	1
2015季4			23	11	19	15	8	6	12	5	5	1		1
2016季1			2	18	13	9	5	2	2	3	1		1
2016季2	1		12	10	16	11	7	4	3	1	3	1
2016季3			5	19	5	11	6	1	2	1	1
2016季4			5	6	5	6	4	2	2
2017季1	1			8	1	2	1
2017季2	1		5	4	4		1	3
2017季3			3	4	1	3		2
2017季4	1		3	3	1		1
2018季1	1		1		1
2018季2	1		5
2018季3	2		

图3-38 按季度的回头客阵列分析

3.3.4 3种表达式有哪些不同

EXCLUDE、INCLUDE 和 FIXED 3 个关键字各自的应用场景还有很多，它们还可以配合在同一个表达式中相互组合使用。EXCLUDE、INCLUDE 以及 FIXED 之间的区别如表 3-5 所示。

表3-5 3种表达式的对比

关键字	表达式作用	表达式字段类型	筛选优先级
EXCLUDE	以较高的详细级别进行运算	度量/聚合度量	较低
INCLUDE	以较低的详细级别进行运算	度量/聚合度量	较低
FIXED	指定确切的详细级别进行运算	度量/聚合度量/维度	较高

3 种表达式之间最主要的区别还在于它们各自会落入筛选分层结构中的不同位置，具体如图 3-39 所示。其中 FIXED 表达式的筛选器在维度筛选器之前、上下文筛选器之后进行应用。INCLUDE 或 EXCLUDE 表达式的筛选器则在度量筛选器之前、维度筛选器之后进行应用。

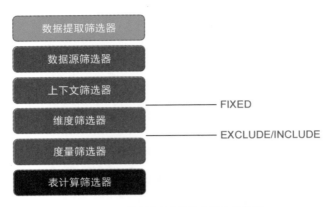

图 3-39   3 种表达式在筛选分层中的位置

3.4   表计算

表计算函数允许我们对表中的值执行计算，实际上它是一种转换，基于详细级别中的维度将该转换应用于视图中单一度量的值。例如我们想了解每个地区销售额的排名情况，可以对销售额指标做转换，即为销售额字段添加排序表计算后得到排名结果，如图 3-40 所示。

地区	沿着 地区 的 销售额 的排序	销售额
东北	3	2,711,223
华北	4	2,447,301
华东	1	4,692,465
西北	6	815,550
西南	5	1,303,125
中南	2	4,147,884

图 3-40   排序表计算

表计算函数的种类有很多包括汇总、差异、排序等等。创建表计算表达式的方式有两种，一种是通过创建计算字段自定义想要使用的表计算函数，另一种可以通过"快速表计算"的方式添加 Tableau 内置的表计算函数。

添加表计算时，必须使用详细级别的所有维度进行分区（划定范围）或寻址（定向）。分区字段用于定义计算分组方式（即定义执行表计算所针对的数据范围）的维度，定义好之后系统会在每个分区内单独执行表计算。寻址字段执行表计算所针对的其余维度，可确定计算方向。

由于表计算依赖上述两种类型的字段，想要了解表计算的关键是弄清楚这些字段的工作方式。下面举个简单的例子来帮助大家理解表计算的工作方式。

步骤 1：使用 Tableau 自带的"示例—超市"数据源中的订单表，按图 3-41 所示创建一个关于"销售额"字段排名的文本表。

地区		公司	消费者	小型企业
东北	销售额	836,834	1,351,650	522,739
	沿着 地区 的销售额 的排序	3	3	3
华北	销售额	804,769	1,220,431	422,101
	沿着 地区 的销售额 的排序	4	4	4
华东	销售额	1,456,641	2,293,391	942,432
	沿着 地区 的销售额 的排序	1	1	1
西北	销售额	253,458	458,569	103,523
	沿着 地区 的销售额 的排序	6	6	6
西南	销售额	469,342	677,303	156,480
	沿着 地区 的销售额 的排序	5	5	5
中南	销售额	1,339,283	2,060,090	748,511
	沿着 地区 的销售额 的排序	2	2	2

图3-41　销售额排名文本表

步骤 2：一般表计算的"计算依据"默认为"表横穿"，也可以手动编辑合适的"计算依据"。右键单击"度量值"中添加了"排序"表计算的"销售额"字段→选择"编辑表计算"后得到如图 3-42 所示的设置界面。

步骤 3：图 3-42 中用矩形框标记的"表（横穿）"是什么意思呢？其实就是将下方用矩形框标记的"地区"字段用作分区字段，"细分"字段用作寻址字段。从而在"地区"字段所划分的每一行范围内，沿着每个"细分"内容进行排名。如果对计算顺序不太清楚，也可以通过勾选最下方的"显示计算帮助"选项来查看该计算具体的工作方式，如图 3-43 所示。

步骤 4：可以通过"特定维度"选择特定的表计算工作方式。例如想了解同一个"细分"字段里不同"地区"字段的"销售额"排名情况，除了可以将"计算依据"选择"表（向下）"外，还可以通过编辑"特定维度"中的字段，自定义计算顺序来实现同一效果，如图 3-44 所示。对于图 3-44"特定维度"中勾选的字段相当于寻址字段，也就是计算方向，未勾选的字段相当于分区字段，用来确定表计算的数据范围。此例中"细分"字段包含 3 个内容相当于将数据划分成 3 个

范围，每个范围内包含 6 个地区，"销售额"排序字段在一个范围内排名满 6 之后会自动溢出到下一个范围内重新开始排序。

图3-42　表计算设置

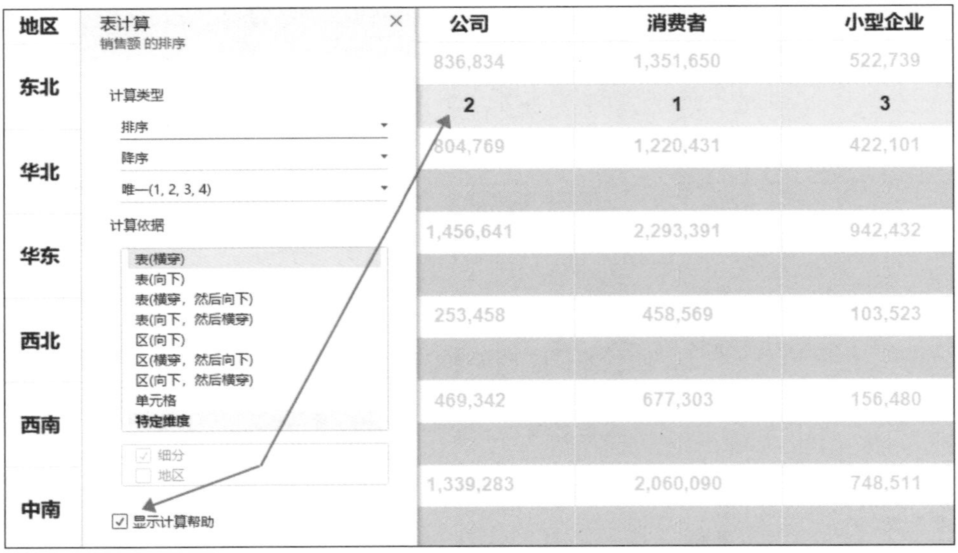

图3-43　"显示计算帮助"提示效果

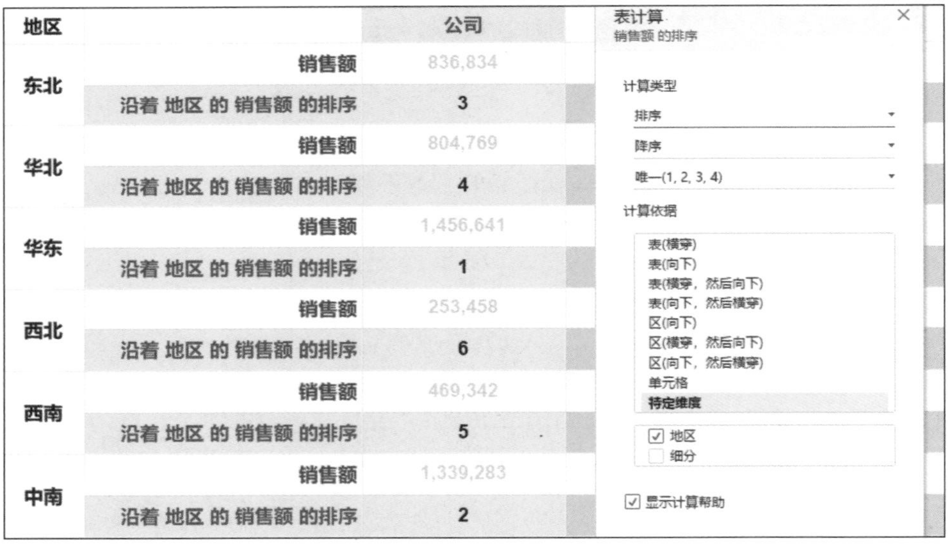

图3-44　自定义表计算的计算顺序

　　常用的表计算函数包括排序、总计、汇总等，下面介绍一些分析时常用的表计算函数的应用场景及操作步骤（以下所有应用的数据源均使用 Tableau 自带"示例—超市"数据中的订单表）。

3.4.1　排序（Rank）表计算的应用

　　一段时间内产品的销售额排名情况发生了怎样的变化？

　　步骤 1：将"订单日期"字段拖至"列"→右键单击选择连续格式的"月"并将其改为"离散"。"子类别"字段拖至"颜色"→右键单击该字段选择"排序"→按"销售额""总和"的"降序"排序。"销售额"字段拖至"行"→右键单击该字段添加"快速表计算"→选择"排序"→"计算依据"选择"子类别"字段后得到如图3-45所示的"销售额"排名趋势图。

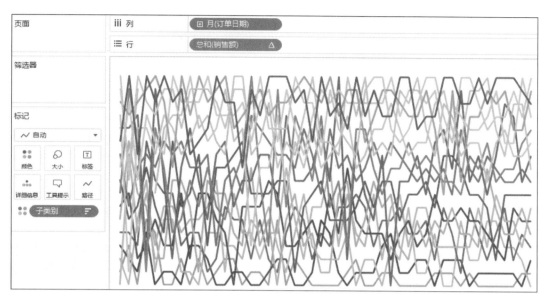

图3-45 "销售额"排名趋势图

步骤2:按各产品开始时间的实际排名做一张开始时间的产品标签图。复制步骤1中创建好的表→按住 <Ctrl> 加鼠标左键将"列"上的"月(订单日期)"字段拖至"筛选器"→选择这段日期的开始时间。将"子类别"字段拖至"标签"并将"标记"选择"文本"后得到图3-46。

图3-46 开始时间的产品标签图

步骤 3：复制步骤 2 中创建的表→将"筛选器"中的"月（订单日期）"字段筛选为这段日期的结束时间后得到图 3-47。

图 3-47　结束时间的产品标签图

步骤 4：最后将创建好的 3 张工作表一同放置在仪表板中，工具栏中的"突出显示"勾选"子类别"字段，通过点击想要查看的具体产品标签即可发现该产品这段时间内销售额排名的变化情况。如图 3-48 所示，当我们点击开始时间中排名第一的"电话"标签时，会发现原本销售额最好的电话，通过这段时间的努力排名已经居中了。

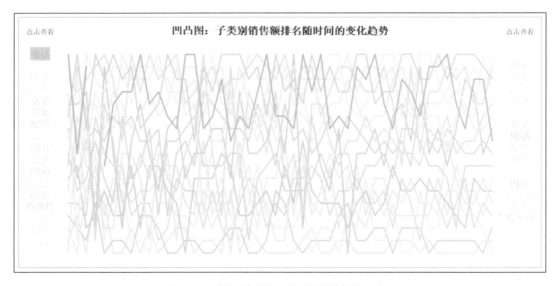

图 3-48　选择"电话"标签后的销售额排名情况

3.4.2　总计（Total）表计算的应用

各地区不同类别产品的具体销售额所占总额的百分比是多少？

步骤1：将"地区"字段拖至"行"，"销售额"字段拖至"列"，再将"类别"字段拖至"颜色"，"销售额"字段拖至"标签"后创建如图 3-49 所示的图表。

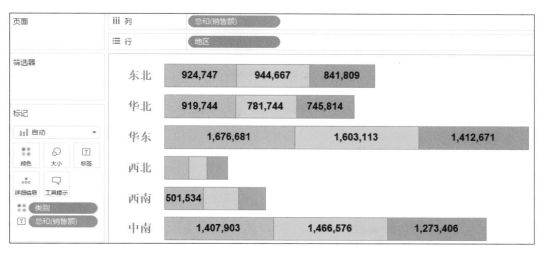

图3-49　各产品类别的销售额

步骤2：右键单击"列"上"销售额"字段→选择"快速表计算"→"总额百分比"→设置"计算依据"为"类别"→按住 <Ctrl> 加鼠标左键将"列"上刚添加了"快速表计算"的"销售额"字段拖至"标签"后得到图 3-50。

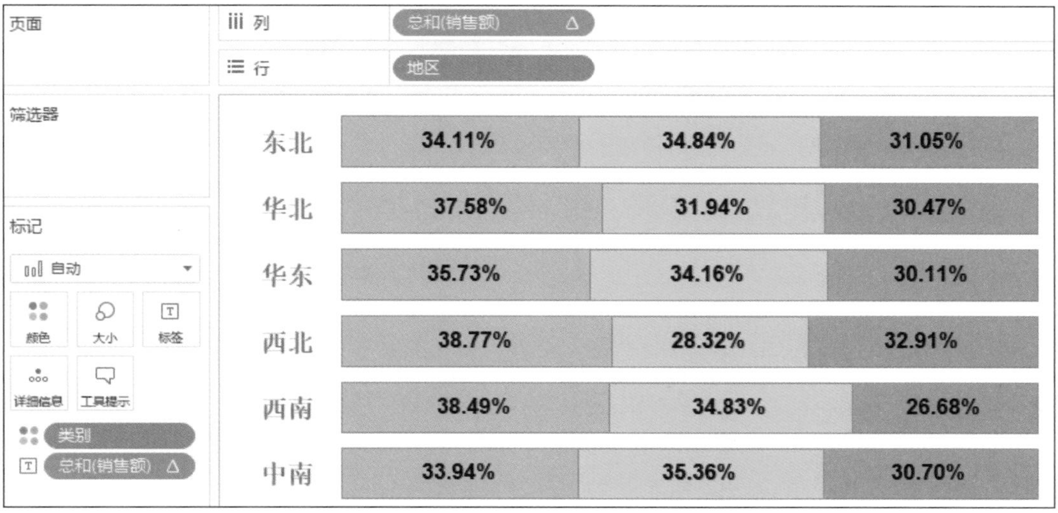

图3-50　各产品类别的销售额占比

3.4.3　汇总（Running）表计算的应用

每年的利润累计是多少？每个月到底贡献了多少？

步骤 1：将"订单日期"字段拖至"列"并下钻保留年和月，"销售额"字段拖至"行"→选择"快速表计算"→"汇总"→设置"计算依据"为"区 (横穿)"。

步骤 2：将"标记"选择"甘特条形图"，"订单日期"字段拖至颜色，"利润"字段拖至"大小"→双击该字段在最右侧添加"-"。

步骤 3：选择左侧边条中的"分析"→添加"合计"→选择"小计"后得到图 3-51。

图3-51　利润瀑布图

3.4.4　窗口（Window）表计算的应用

标识出各省份中超过全省销售额平均值的省份，和未超过的省份是哪些。

步骤 1：将"省 / 自治区"字段拖至"行"，"销售额"字段拖至"列"。

步骤 2：如图 3-52 所示，创建一个"销售额分组"字段。

图3-52　"销售额分组"字段

步骤 3：将创建的"销售额分组"字段分别拖至"行"的最左侧和"颜色"中→分别右键单击"行"和"颜色"中的"销售额分区"字段→设置"计算依据"为"省 / 自治区"字段，最后选择左侧边条中的"分析"→添加"平均线"→选择"表"得到图 3-53。

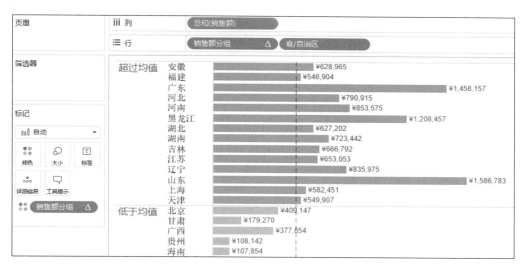

图3-53　是否超过总体销售额的平均线

3.4.5　查找（Lookup）表计算的应用

当我们计算出各省份销售额的总额百分比后，现在想筛选查看某个地区的情况，并且要求总额百分比值不随筛选条件变化。

步骤 1：将"地区"字段拖至"行"，"省 / 自治区"字段也拖至"行"，"销售额"字段拖至"标签"→选择"快速表计算"→选择"总额百分比"→设置"计算依据"为"表 (向下)"。

步骤 2：如图 3-54 所示，创建一个用来做筛选的"表计算地区筛选器"字段。

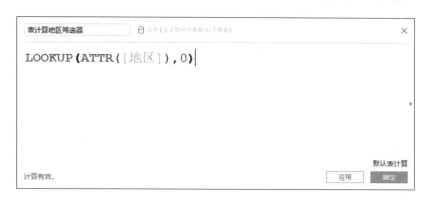

图3-54　"表计算地区筛选器"字段内容

步骤 3：将"表计算地区筛选器"字段拖至"筛选器"中→选择"全部"→单击"确定"→右键单击该字段选择"计算依据"为"地区"→并右键单击该字段"显示筛选器"。为了对比可以右键单击"地区"字段选择"显示筛选器"后得到图 3-55。

步骤 4：此时通过对比选择"地区"筛选器和"表计算地区筛选器"筛选器后视图发生的变化，可以发现前者数值跟随筛选情况变动而后者的数值保持不变。这是因为维度字段的筛选优先级要高于度量字段，而涉及"Total"的表计算筛选优先级要高于其他表计算的筛选优先级，所以用"Total"计算的总额百分比值会受"地区"筛选器的影响却不会受到使用"Lookup"计算创建的筛选器的影响。

图 3-55   查找表计算筛选应用

3.4.6   表计算与详细级别表达式有哪些不同

表计算的应用场景十分广泛，一些复杂的图表基本都是通过表计算得到的，那么它与 LOD 表达式相比有什不同呢？如表 3-6 所示，从对数据的查询、视图详细级别等几个方面做了简单的对比。

表 3-6   表计算对比 LOD 表达式

对比方向	表　计　算	详细级别表达式-LOD 函数
查询	在查询结果的基础上生成	针对基础数据源查询的一部分而生成。它们是以嵌套选择的形式表现，依赖于 DBMS 数据库管理系统的性能
详细级别	只能生成聚合度高于或等于视图详细级别的结果	可生成聚合度高于或低于可视化详细级别的结果，也可以完全独立于可视化详细级别生成结果
计算方式	控制表计算运算的维度独立于计算语法，在"计算依据"和"计算因素"菜单中进行指定	控制详细级别表达式计算的维度嵌入在计算语法中。对于 INCLUDE/EXCLUDE 表达式，这些维度是相对于可视化详细级别来说的；而对于 FIXED 表达式，这些维度是绝对的
计算结果	始终是聚合度量	可用作度量、聚合度量或维度，数据类型由公式确定
筛选数据	针对表计算的筛选器可用作隐藏功能，它们不会从结果数据集中删除记录	针对详细级别表达式的筛选器可用作排除功能，它们会从结果数据集中删除记录。表达式的值会在可视化流程中的不同阶段进行计算，具体取决于表达式是 FIXED 还是 INCLUDE/EXCLUDE

虽然表计算与 LOD 表达式在某些场景下可以替换使用来实现同样的效果，但表计算不能替代 LOD 表达式，反之也一样。此外还需要特别注意目前表计算无法与 LOD 表达式一起混合使用，如果遇到必须要混合使用两者才能解决的问题时，建议处理数据结构后再做相应的计算。

3.5   Tableau 按怎样的顺序执行操作

操作顺序是 Tableau 执行各种动作（操作）的先后顺序。许多操作都会应用筛选器，在我们构建视图和添加筛选器时，这些筛选器会始终按操作顺序所建立的顺序执行。有时，我们可能预计 Tableau 会按一个顺序执行筛选，但操作的顺序决定了筛选器按不同的顺序执行，结果可能会出人意料。如果发生这种情况，我们可以更改操作在 Tableau 中执行的顺序，比如将维度筛选器转换为上下文筛选器、将表计算转换为 FIXED 详细级别表达式等等。

　　Tableau 的操作从操作对象上大致可以归纳为 3 大类，包括：针对数据源的、针对分析所用的维度和度量的。其操作顺序如图 3-56，其中筛选器用蓝色字体标注，其他操作（大多数为计算）用黑色字体标注。

　　操作顺序按图 3-56 所示自上而下排序，这意味着我们的操作在 Tableau 中会严格按照 Tableau 程序设计好的操作顺序执行。举个例子，比如当上下文筛选器和维度筛选器一同存在时，会优先执行上下文筛选器，然后再执行维度筛选器。那么我们能不能更改操作的顺序呢？比如想让维度筛选器在 Top N 筛选之前执行，答案当然是可以的。我们只需要提高维度筛选器在 Tableau 中的操作顺序，比如我们可以将维度筛选器转换成上下文筛选器即可。

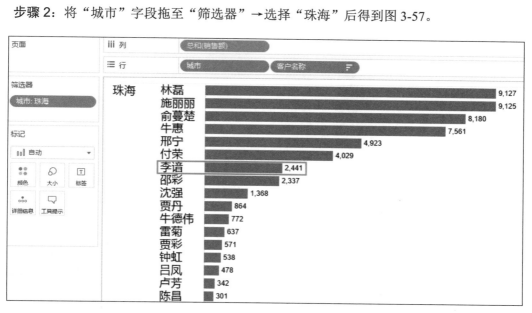

图 3-56　Tableau 操作顺序

　　当我们在日常分析时经常会遇到此类的问题，比如：筛选出珠海市销售额指标排前 10 名的客户有哪些？（以下示例均使用 Tableau 自带的"示例—超市"数据源中的订单表）

　　步骤 1：将"销售额"字段拖至"列"，"城市"字段和"客户名称"字段拖至"行"，选择工具栏中的降序排列选项。

　　步骤 2：将"城市"字段拖至"筛选器"→选择"珠海"后得到图 3-57。

图 3-57　珠海市销售额指标前 10 名客户

　　步骤 3：将"客户名称"字段拖至"筛选器"→选择"顶部"→设置"按字段"为"顶

部""10"→依据"销售额""总和",如图 3-58 所示。

图 3-58　"客户名称"筛选器设置

步骤 4：此时我们会发现筛选过后的排名和筛选前的排名有出入，如图 3-59 所示。在图 3-57 中排在第 7 位的客户李谙怎么不见了？因为目标是珠海市的前 10 名客户，但现在视图实际显示的是先按总体的前 10 名客户，后按所在城市珠海进行筛选，李谙的总体排名比较靠后，所以会消失在最终的排名结果里。出现这个现象的原因是 Tableau 默认的操作顺序中 TopN 的顺序要高于维度筛选器的执行顺序。

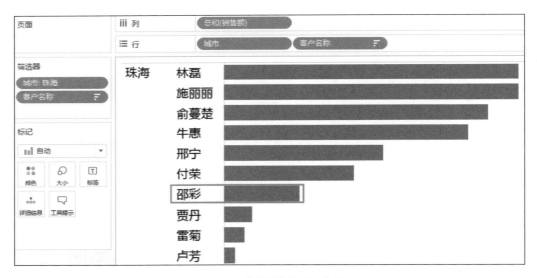

图 3-59　筛选后的前 10 名客户

通过上述步骤后，我们发现得到的结果与真实数据中的排名不相符。该如何解决这个问题呢？这可以通过提高低优先级和降低高优先级的操作方式来解决。

3.5.1　怎样提高低优先级的操作顺序

参考图 3-56，目前的城市筛选器相当于维度筛选器而客户名称筛选器相当于 Top N 筛选器。那么可以通过提升城市筛选器的操作优先级来解决上述排名中产生的问题。

步骤：针对图 3-57 右键单击"筛选器"中的"城市"字段→选择"添加到上下文"。提升了城市筛选器的优先级之后得到的结果（排在第 7 位的客户是李谙，与图 3-57 的结果一致），和之前未进行 Top N 筛选时的客户排名结果一样，如图 3-60 所示。

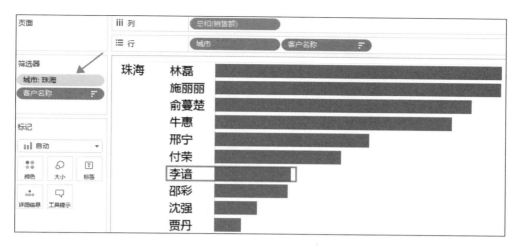

图3-60　提升筛选优先级

3.5.2　怎样降低高优先级的操作顺序

针对我们的目标和 Tableau 默认的操作顺序，不难发现要想实现目标，就必须让维度筛选器选择的珠海操作先执行。那么对照操作顺序如图 3-56 所示，除了 3.5.1 小节中提升城市筛选操作的优先级外，还可以通过降低排名筛选操作优先级的方式，来间接地提升城市筛选操作的优先级。由于城市筛选操作属于维度筛选器，那么只需要想办法把排名筛选操作降低到维度筛选器以下即可达成目标。

步骤 1：针对图 3-57 将"销售额"字段拖至"筛选器"→选择"总和"→选择"下一步"并"确定"→右键单击该字段→选择"快速表计算"中的"排序"→设置"值范围"为 1 ～ 10，如图 3-61 所示。

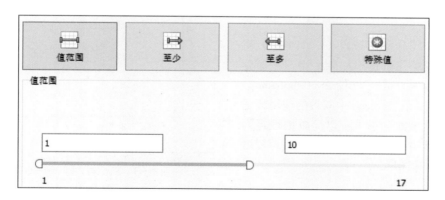

图3-61　表计算筛选器设置

步骤 2：此时我们会发现执行筛选操作后的结果与 3.5.1 小节中的结果是相同的，如图 3-62 所示。这是因为添加了排序表计算的销售额筛选器操作的优先级要低于维度筛选器操作的优先级。

类似地为了实现某些特定场景而更改操作顺序的应用示例还有很多。为了避免预期操作后的结果与真实结果不相符，需要牢记图 3-56 所示的 Tableau 默认的操作顺序。另外在 Tableau Desktop 10.3 版本中新加入的打开工作簿时筛选到最新日期值的筛选操作，在工作簿打开第一次使用，其顺序在数据源筛选器之后、上下文筛选器之前执行，并且会应用到整个工作簿。

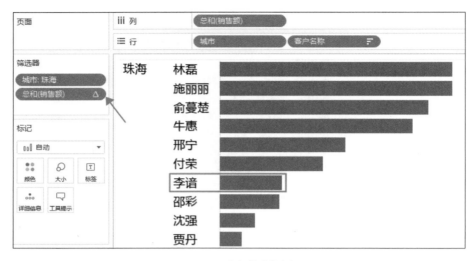

图 3-62　降低筛选优先级

3.6　如何应用双轴功能

什么是双轴呢？在介绍双轴功能之前先简单说明一下 Tableau 的工作区域。我们知道 2 维空间是由横向（X 轴）与纵向（Y 轴）所确定的一个平面，在 Tableau 中，我们基本上也是在行与列所围成的平面如图 3-63 内进行图表的制作。

在同一个工作簿区域内（一个平面）想要展示不同的信息或图形，除了将该平面分割成多个区域外，还可以像 PS（Photoshop）一样增加图层，在 Tableau 中双轴的作用即是如此。双轴从字面意思上可以简单地理解为多一个 X 轴或者 Y 轴，它的实际作用是复用平面区域，增加图层。

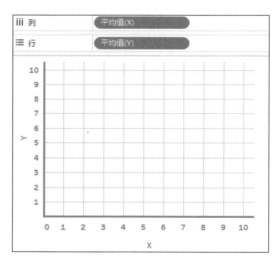

图 3-63　"行"与"列"围成的平面

3.6.1　双轴展示数据（使用 Tableau "示例—超市" 数据源中的订单表）

1. 双轴展示不同的指标信息

在实际场景中，有时需要将销售额与利润指标一起展示，以便对比两者的变化情况。可以将两个指标都放在行上然后选择双轴，列上放置需要按哪种条件去聚合指标的维度字段比如月份（也可以为不同的轴配置不同的图形），如图 3-64 所示。

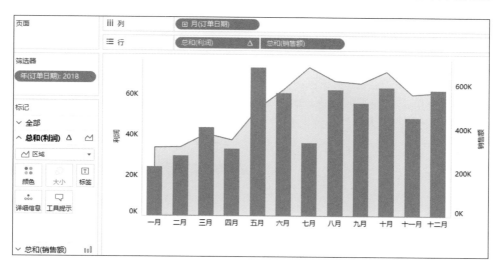

图3-64　双轴展示不同的指标

2. 双轴展示不同的数据粒度

当遇到类似需要在同一个工作表里同时展示省和市这两个不同粒度的数据场景时，也可以应用双轴来实现。如图 3-65 所示，可以将两个销售额都放在行上然后选择双轴、同步轴，将省和市分别放置在不同的轴所在的标记卡内即可展示不同的数据粒度。

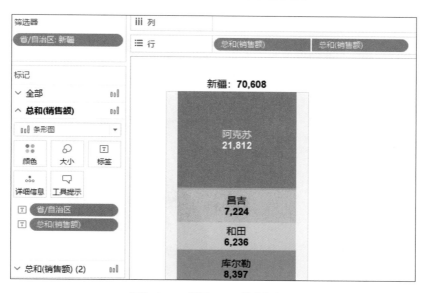

图3-65　双轴展示不同的数据粒度

3.6.2　双轴制作图形（使用 Tableau "示例—超市" 数据源中的订单表）

1. 双轴制作环形饼图、嵌套饼图

在 Tableau 中环图并非内置图形，它是由饼图通过双轴演变而来的。具体制作步骤如下。

步骤 1：在 "行" 上放置两个 "记录数" 字段并将聚合方式设置为 "最小值"。

步骤 2：将"行"上第一个"记录数"字段所在的"标记"改为"饼图"并放置所需展示的维度信息如"类别"字段等。

步骤 3：将"行"上第二个"记录数"字段所在的"标记"改为"圆"或者"饼图"不放任何信息，并将"颜色"设置为图表底色。

步骤 4：右键单击视图中的轴→选择"双轴"及"同步轴"→调节两个轴对应图形的"大小"（实际饼图所在轴的"大小"设置大于另一个轴的"大小"设置）后得到图 3-66 所示的环图。

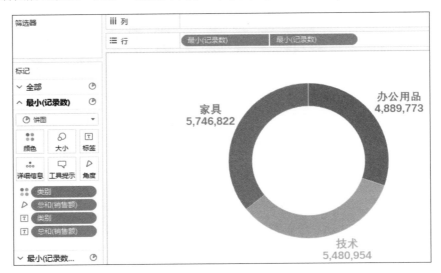

图3-66   双轴环形饼图

嵌套饼图一般应用在具有两层关系的业务场景中，制作方法与环形饼图类似。将上述环图中第二个轴设置为饼图，放置第二层相关信息如子类别即可，如图 3-67 所示。

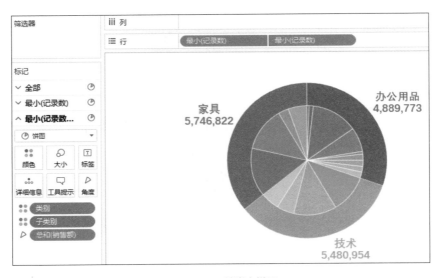

图3-67   双轴嵌套饼图

2. 双轴制作标靶图

标靶图用来反映实际与预期的差距，该图是内置图形但用双轴也可以轻松绘制。具体制作步骤如下。

步骤1：将"利润"字段拖至"列"、"类别"字段拖至"行"→"标记"选择"条形图"。因为订单表中没有用来标记利润目标的字段，所以如图3-68所示，创建一个模拟"利润目标"字段。

步骤2：将"利润目标"字段拖至"列"→"标记"选择"甘特条形图"→右键单击视图中的坐标轴→选择"双轴"→选择"同步轴"并将所有坐标轴隐藏。按需调整视图其他细节后得到图3-69。

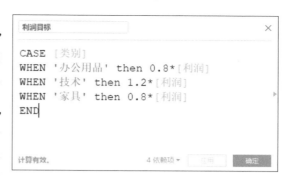

图3-68 "利润目标"字段内容

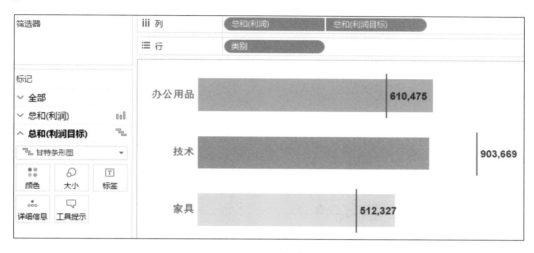

图3-69 双轴标靶图

3. 双轴制作哑铃图

在反映实际值与目标值的对比时，也可以选用哑铃图来展示。具体制作步骤如下。

步骤1：将"利润"字段拖至"列"→"标记"选择"甘特条形图"。"度量值"字段拖至"列"→右键单击该字段选择"筛选器"→只保留"利润"字段和图3-68所示的"利润目标"字段→"标记"选择"圆"。将"子类别"字段拖至"行"。

步骤2：如图3-70所示，创建"利润差值"字段。

图3-70 "利润差值"字段内容

步骤 3：将"利润差值"字段拖至"利润"字段所在"标记"的"大小"里。右键单击视图中的坐标轴→选择"双轴"→选择"同步轴"并隐藏所有坐标轴。调整视图的"大小"和其他细节后得到图 3-71。

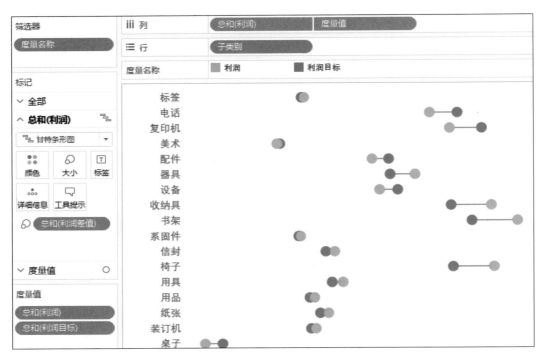

图3-71   双轴哑铃图

4. 双轴制作趋势饼图

当遇到既要反映指标随时间总体的变化趋势，又要突出每个时间节点上指标的具体分布时，可以采用线图与饼图的组合图形。具体制作步骤如下。

步骤 1：将"订单日期"字段拖至"列"，"销售额"字段拖至"行"，"标记"选择"线"。

步骤 2：如图 3-72 所示，创建一个用来在时间趋势上展示每个节点不同产品类别的字段"排除类别维度聚合的销售额"。

图3-72   "排除类别维度聚合的销售额"字段内容

步骤 3：将"排除类别维度聚合的销售额"字段拖至"行"→"标记"选择"饼图"→将"类别"字段拖至"颜色"，"销售额"字段拖至"角度"。右键单击视图中的坐标轴→选择"双轴""同步轴"→隐藏两个度量指标的坐标轴。调整视图其他细节后得到图 3-73。

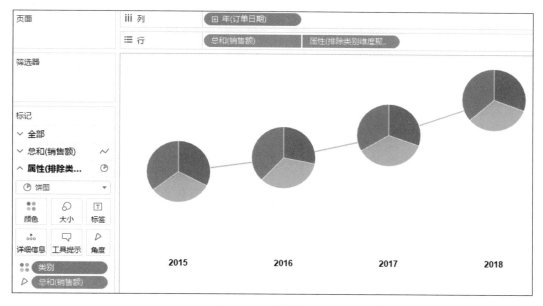

图3-73　双轴趋势饼图

3.6.3　双轴修饰图形（使用Tableau"示例—超市"数据源中的订单表）

1.　双轴为图形添加标记

双轴也可以用来给图表添加注释标签。例如在 Tableau 中区域图是无法显示标签的，为了显示标签可以双轴同一个度量指标，标记选择线，然后就可以为需要显示的信息添加标签，如图 3-74 所示。

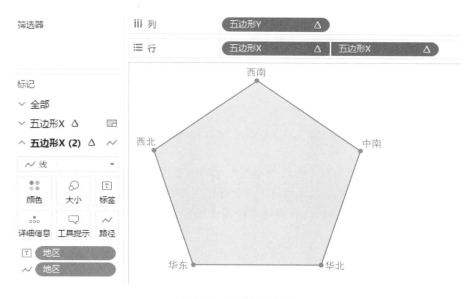

图3-74　双轴添加标记

2. 双轴异常数据点标注

为了使指标的最大、最小或其他特殊值看起来更显眼，可以将一个标注字段设置为双轴，具体操作步骤如下。

步骤 1：将"订单日期"字段拖至"列"并下钻保留月，"销售额"字段拖至"行"。

步骤 2：如图 3-75 所示，创建一个"最大最小销售额"字段。

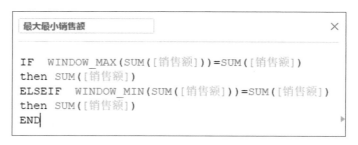

图3-75 "最大最小销售额"字段内容

步骤 3：将"最大最小销售额"字段拖至"行"→"标记"选择"圆"→右键单击视图中的坐标轴→选择"双轴"→"同步轴"→添加所需显示的标签并调整视图其他细节后得到图 3-76。

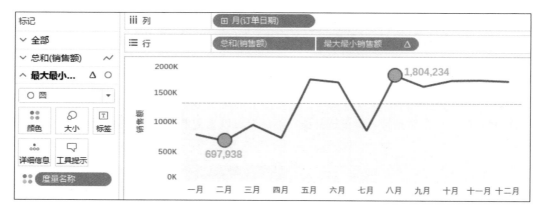

图3-76 双轴异常值标注

3. 双轴为图形添加形状

为了使图表看上去更加形象生动，也可以应用双轴为原本的图形添加形状，具体操作步骤如下。

步骤 1：将"地区"字段拖至"列"，"数量"字段拖至"行"并将"标记"选择"条形图"。

步骤 2：再拖一个"数量"字段至"行"→"标记"选择"形状"→将"地区"字段拖至"形状"并按实际需求匹配合适的形状。右键单击视图中的坐标轴→选择"双轴"→"同步轴"，调整视图其他细节后得到图 3-77。

4. 双轴为图形添加轮廓

当某些图形的自带轮廓线显示效果不是很明显时，可以应用双轴为其添加轮廓线来区分。具体操作步骤如下。

步骤 1：将"订单日期"字段拖至"列"→右键单击该字段选择离散的"天"，"销售额"字段拖至"行"，"标记"选择"区域"并将"类别"字段拖至颜色。

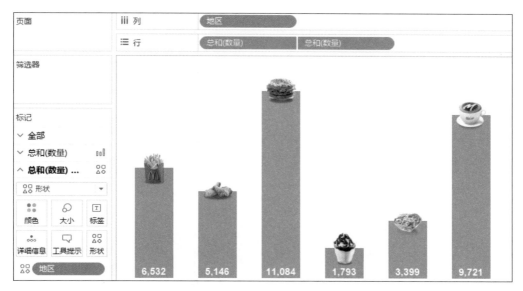

图 3-77　双轴添加形状

步骤 2：按住＜Ctrl＞加鼠标左键复制"行"上的"销售额"字段至"行"→"标记"选择"线"→右键单击视图中的坐标轴→选择"双轴"→"同步轴"。选择菜单栏中的"分析"→选择"堆叠标记"并选择"开"调整视图其他细节后得到图 3-78。

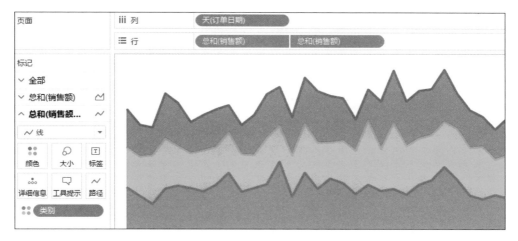

图 3-78　双轴添加轮廓线

3.7　如何应用形状功能

形状在 Tableau 中可以理解为图片，在类型上可以划分为背景透明的形状和背景不透明的形状，一般常应用于离散的维度字段。

　　形状是如何获取的呢？在 Tableau 中有一些内置的形状图片，一般保存在路径为文档→我的 Tableau 存储库（My Tableau Repository）→形状（Shape）的文件夹中。也可以下载或者自制实际需要的形状图片，添加到形状文件夹中，然后在 Tableau 形状选项中选择重载形状就可以使用自己添加的图片了。

3.7.1　形状代替具体的维度字段

　　很多时候图形所传达信息的效果要远远大于文字，就像日常生活中经常看到的交通灯。虽然没有任何文字说明，但通常人们看到这些图形时就知道其所传递的信息。一般在服饰、食品行业会常用形状来代替原本的文字维度。其做法也非常简单，只需将标记选择形状，然后将需要用图形表达的维度字段拖至形状里，再匹配对应的图片即可。如图 3-79 所示，就是用具体的食物形状来代替原本的维度字段。

图 3-79　形状代替维度字段

3.7.2　形状散点图

　　形状散点图是在散点图的基础上，将原本的圆形改成贴合业务场景的形状，使人能够更加直观地看出散点图所传达的数据信息。例如图 3-80 中形状换成人形，人形的密集程度代表客户购买数量与利润之间的关系。

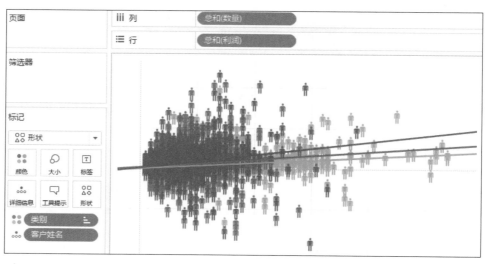

图 3-80　形状散点图

3.7.3 如何用形状模拟出数值动态变化的效果

用形状来模拟数值动态变化的过程这个创意最初来源于蓄水池水位的动态升降过程。在 Tableau 中可以应用透明的背景形状、条形图和筛选器来模拟实现类似的效果。如图 3-81 所示，为了表达不同类型的消费者对某种商品的喜爱，可以自制一个只有轮廓线背景透明的爱心形状，将其加载到 Tableau 中，然后应用双轴技巧，其中一个轴是具体的业务指标条形图，另一个轴则是透明背景的爱心形状，调整合适的大小放入仪表板中（一般条形图的宽度要比形状图片的宽度更宽一些）。

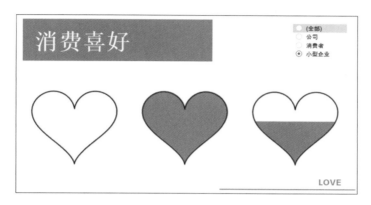

图3-81　运用形状模拟数值上升或下降

此时选择不同的客户类型，形状中条形图的高低会随实际数值发生变化，给人一种动态上升或下降的感觉，如图 3-82 所示。

图3-82　筛选后的效果

3.7.4 仪表板中常用的形状功能

1. 插入形状提示

当我们做完一个可视化作品时，为了方便其他人使用，往往需要添加一些说明。此时如果我们为说明配上一个合适的形状，如图 3-83 所示，会让使用者更容易看到提示。

2. 制作形状 Logo

形状可以用来插入企业的 Logo，如图 3-84 所示，以便更好地展示在仪表板中。

3. 制作形状动作按钮

如果仪表板之间设置了相互跳转的操作，可以插入一个用形状制作的动作按钮工作簿来提示用户，通过点击该按钮进行跳转，如图 3-85 所示。

图3-83　仪表板形状提示

图3-84　仪表板形状Logo

图3-85　仪表板形状按钮

3.8　如何应用操作功能

在 Tableau 中操作功能就如同代码开发者抓地址、抓链接一般。通常是为需要添加操作功能的单位，匹配与之对应的地址及内容。当我们触发了操作功能，就会在事先设定好位置的地方，产生相应的变化并反馈结果，如同触发电视开机按钮，电视的显示屏就会呈现画面，"操作"的设置界面如图 3-86 所示。

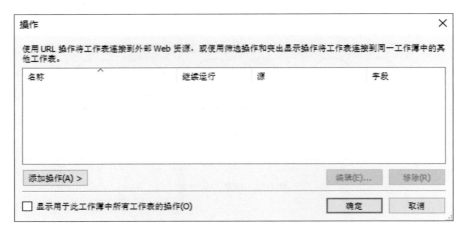

图3-86　操作配置界面

"操作"可以在菜单栏中的"工作表"和"仪表板"中勾选设置，它们的操作步骤和实现的功能是类似的。下面介绍一下操作的具体分类、实现的效果及应用场景。

本例所有功能所用的模拟数据源结构与内容如表 3-7 所示。

表 3-7 操作功能模拟数据源

品　　牌	手 机 型 号	京东链接地址
华为	荣耀 畅玩 6X	https://item.jd.com/3652063.html
华为	荣耀 V9	https://item.jd.com/4835578.html
华为	荣耀 8 青春版	https://item.jd.com/3938531.html
华为	荣耀 8 4GB+64GB	https://item.jd.com/2967929.html
OPPO	OPPO R15	https://item.jd.com/6773543.html
OPPO	OPPO A83	https://item.jd.com/6199600.html
OPPO	OPPO A79	https://item.jd.com/5906527.html
魅族	魅族 魅蓝 E3	https://item.jd.com/6610392.html
魅族	魅族 PRO 7	https://item.jd.com/4734101.html

3.8.1　操作的 3 种类型

操作功能目前共 3 种不同的类型包括：筛选器、突出显示和转到 URL。

1. 筛选器

筛选器选项会对数据进行筛选，例如当我们选择手机的品牌为华为时，对应显示的结果就是华为旗下几个型号的手机。为了实现该效果，我们需要先创建如图 3-87 和图 3-88 所示的两个工作表。

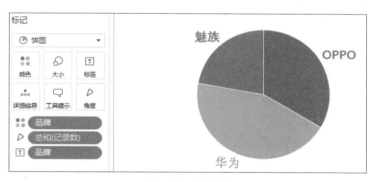

图 3-87　手机品牌

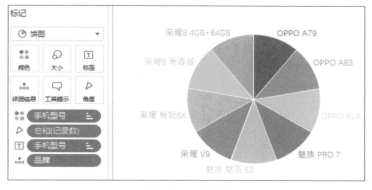

图 3-88　手机型号

将两张工作表一同放置在仪表板内，如图 3-89 所示，选择菜单栏中的"仪表板"→选择"操作"→选择"添加操作"→添加"筛选器"→其他配置如图 3-90 所示。

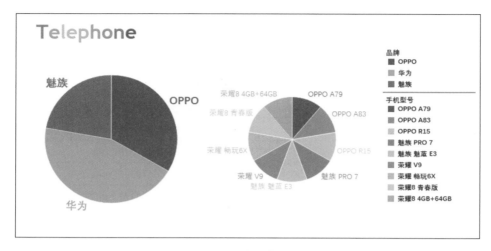

图 3-89   手机品牌 + 型号

图 3-90   筛选器操作配置界面

图 3-89 所示的配置中"名称"选项内可以键入筛选器的标签，当添加了多个操作时，方便

对操作进行修改时快速定位到对应项。"源工作表"可以理解为操作触发的地址也就是电视遥控器，"目标工作表"可以理解成接收触发信号并对信号做出回应的地址，相当于电视机。它们都可以进行下拉选择内容为工作表或者仪表板。"运行操作方式"及"清除选定内容将会"选项会在后续详细介绍。最下方的"目标筛选器"一般默认勾选"所有字段"，也可以按照实际操作需求匹配"选定的字段"。配置好所有选项后，若没有出现报错提示，说明操作可以正常使用。

　　配置好筛选器的操作之后，此时我们单击图3-89中左表的任一品牌例如"华为"时，右表会筛选成与"华为"品牌相关联的手机型号，如图3-91所示。

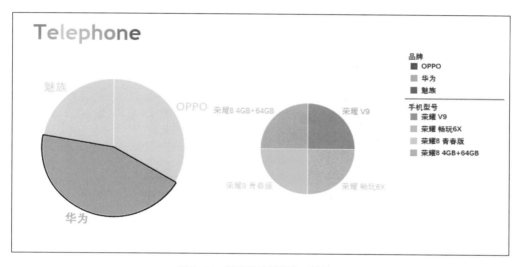

图3-91　触发筛选器操作后的结果

2. 突出显示

　　突出显示不会对数据进行筛选，它的作用只是体现在颜色的对比上。例如当我们选择手机品牌为"华为"时，与之相关的手机型号会高亮显示，其他不相关部分变暗（其相关配置与筛选器操作类似），最终效果如图3-92所示。

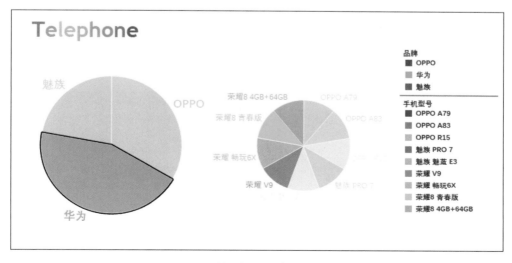

图3-92　触发突出显示操作后的结果

3. 转到 URL

URL 是链接到网页的操作，使用它可以与外部资源进行关联。通常它有 3 种应用场景。

（1）数据源自带链接地址

如表 3-7 中的模拟数据源，每个手机型号都有与之匹配的商城链接地址，如需浏览相应的商城网页，只需要添加"转到 URL"操作即可。为了实现该效果，先创建如图 3-93 所示的文本表。

为了在同一个界面上看到跳转效果，可以将图 3-93 所示的工作表放置在仪表板中，再从仪表板的对象选项中拖一个"网页"放在该工作表旁边，弹出的编辑 URL 中不键入任何内容。配置 URL 操作如图 3-94 所示（操作里的 URL 内容勾选数据源的"链接地址"字段）。

图 3-93　附带 URL 的文本表　　　　　　　　　　图 3-94　URL 操作配置界面

配置好转到 URL 操作之后，此时单击任一商城链接即可看到相应的商城页面，如图 3-95 所示。

图 3-95　触发转到 URL 操作后的结果

（2）链接地址大部分是固定的，只有某个参数在变动

如果遇到表 3-7 这种形式的链接地址，如 http://item.jd.com/< 变化参数 >.html 的模式。那么

在构造数据时可以省略具体的链接地址，只需要一列变化的参数即可。用表 3-7 的模拟数据需要先创建"变化参数"字段，如图 3-96 所示。

如图 3-97 所示，创建参数链接文本表。

图3-96 "变化参数"内容

图3-97 参数链接文本表

为图 3-97 所示的文本表添加转到 URL 操作如图 3-98 所示，在 URL 输入框内键入链接地址的固定部分，变化的部分选择"变化参数"字段即可。

（3）手动键入网页地址

当数据源中没有链接地址，而需要嵌入某个网页时，可以手动键入 URL。如图 3-99 所示，手动键入百度链接网址。（该项可以应用在嵌入自己编写的网页或在仪表板中留下作者的博客链接等场景中）

图3-98 固定格式的URL操作配置界面

图3-99 手动键入URL地址

3.8.2 运行操作的3种方式

运行操作功能的方式目前共 3 种包括：悬停、选择和菜单。

1. 悬停

可以在如图 3-90 的筛选器操作配置界面将"运行操作方式"配置为"悬停"。此时光标落在的区域就会触发筛选操作，如图 3-100 所示。

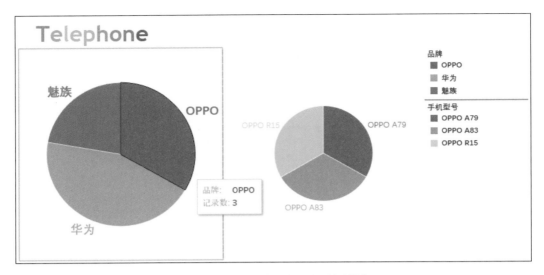

图3-100   采用悬停的方式触发筛选操作

2. 选择

可以在如图 3-90 的筛选器操作配置界面将"运行操作方式"配置为"选择"。此时不仅需要将光标移动到需要操作的区域，还需要点击鼠标才能触发操作，如图 3-101 所示。

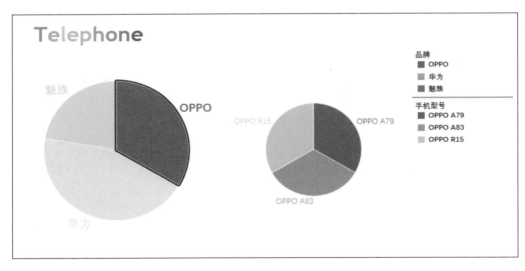

图3-101   采用选择的方式触发筛选操作

3. 菜单

可以在如图 3-90 的筛选器操作配置界面将"运行操作方式"配置为"菜单"。此时将光标移动到需要操作的区域→点击鼠标→选择弹出菜单中相应的操作名称即可触发操作，如图 3-102 所示。（虽然菜单的触发步骤较多，但遇到同一个区域需要添加多个操作的场合时，菜单的优势就很明显了）

需要特别注意在如图 3-90 的筛选器操作配置界面中，"运行操作方式"的 3 个选项下面，还有一个"仅在单选时运行"的选项，当我们没有勾选该选项去执行触发动作时，按住多选键 <Shift> 或 <Ctrl> 可以同时复选多个内容，反之则不能同时选择多个内容。

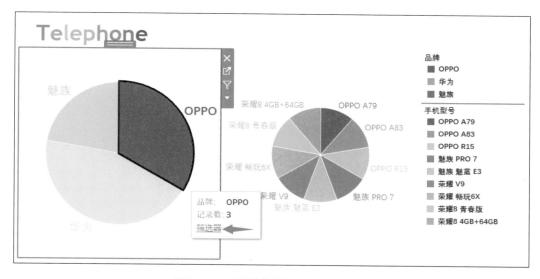

图3-102　采用菜单的方式触发筛选操作

3.8.3　撤销操作后的3种结果

可以通过保留筛选器、显示所有值和排除所有值3种方式撤销操作功能，选择不同的方式会对应不同的结果。

1. 保留筛选器

可以在如图3-90的筛选器操作配置界面将"清除选定内容将会"配置为"保留筛选器"。此时当我们运行操作的动作（悬停、选择等）结束后，相应的触发条件会一直保留在目标地址中。例如针对图3-89所示的内容，当我们按3.8.1小节和3.8.2小节中介绍的方式配置好具体的操作类型为"筛选器"、运行操作的方式为"选择"，并且将清除操作配置为"保留筛选器"后，选择手机品牌为"OPPO"对于界面的具体影响如图3-103所示，对于目标工作表"筛选器"区域内的影响如图3-104所示。

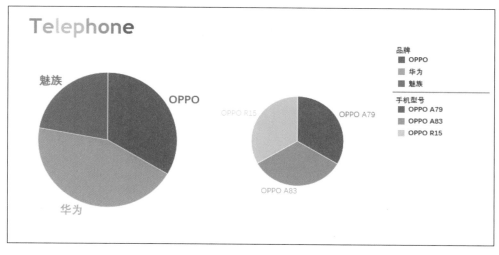

图3-103　采用"保留筛选器"方式撤销操作后的界面

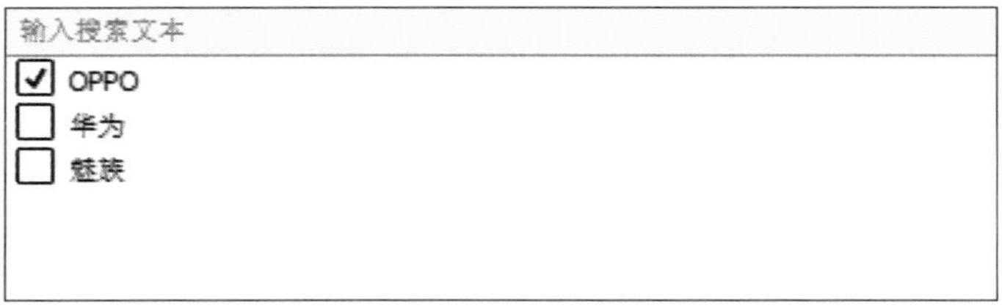

图 3-104　表现在具体的目标工作表筛选器中的结果

2. 显示所有值

显示所有值一般是默认配置，当运行操作的动作结束后，触发条件会自动失效（目标地址的结果集为 All）。同 3.8.1 中"保留筛选器"类似，此时如果将清除操作配置为"显示所有值"对于界面的具体影响如图 3-105 所示，对于目标工作表"筛选器"区域内的影响如图 3-106 所示。

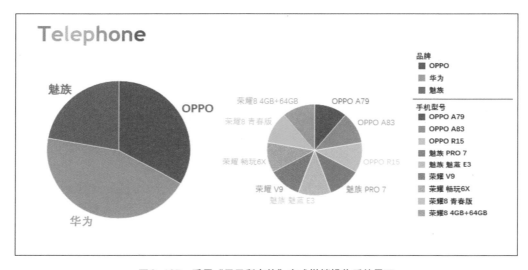

图 3-105　采用"显示所有值"方式撤销操作后的界面

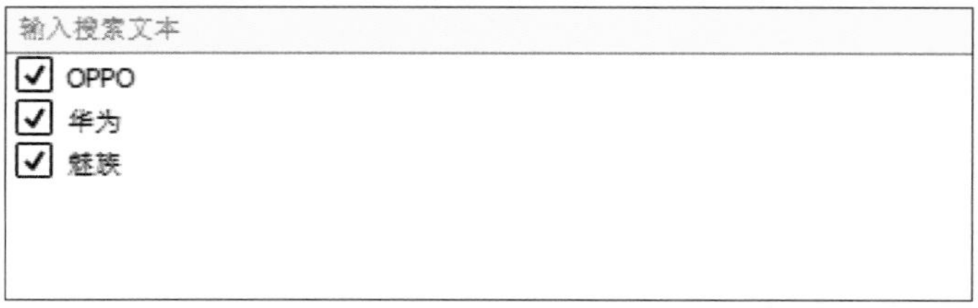

图 3-106　表现在具体的目标工作表筛选器中的结果

3. 排除所有值

排除所有值即当运行操作的动作结束后，触发条件也会自动失效，但与显示所有值不同（目标地址的结果集为空），它会使目标工作表消失。同 3.8.1 中"保留筛选器"类似，此时如果将清除操作配置为"排除所有值"对于界面的具体影响如图 3-107 所示，对于目标工作表"筛选器"区域内的影响如图 3-108 所示。

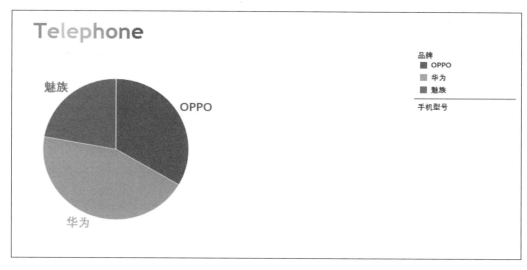

图3-107 采用"排除所有值"方式撤销操作后的界面

图3-108 表现在具体的目标工作表筛选器中的结果

3.8.4 操作的3类应用方式

Tableau 中操作的用途十分广泛，针对其应用方式大致可以归纳为3大类包括：本地跳转本地、本地跳转网页以及带筛选条件或不带筛选条件的跳转。

1. 本地跳转本地

本地跳转本地大致包括4种形式：工作表→工作表、工作表→仪表板、仪表板→工作表以及仪表板→仪表板之间的相互跳转操作。

2. 本地跳转网页

本地跳转网页大致包括两种形式：本地→嵌入本地的网页（将仪表板中对象内的"网页"选项拖至仪表板内，操作链接的网页将会在仪表板内显示，而非弹出浏览器网页窗口）及本地→浏览器窗口中的网页。

3. 带筛选条件或不带筛选条件的跳转

如果在跳转过程中需要传入某个字段的值，可以在操作中选择具体的源表和对应的目标表以及匹配的字段。如果只是单纯地从源表跳转到目标表，不对目标表的数据做任何筛选，可以不勾选目标地址中的工作表或者匹配没有对应关系的字段等。

操作的应用场景十分广泛，例如我们可以选用筛选器加排除所有值的操作，在报表同一位置放置两张图表，达到节省报表空间的效果；可以用操作嵌入可以播放视频或者音频的网页，与数据图表关联丰富可视化的内容；也可以用操作创建一个导航页，用来导航梳理做好的多个工作表或仪表板（Tableau Desktop 2018.3 版本内置了仪表板导航按钮，支持更加方便快捷的导航操作），如图 3-109 所示。

图 3-109　导航页操作功能应用

3.9　如何应用参数功能

Tableau 中的参数可以分为：嵌入代码（JavaScript 标记的对象参数、Iframe 标记的 URL 参数等）的标记参数、创建报表时使用的参数、初始化 SQL 参数等等，本文只介绍在创建报表时应用的参数功能。

参数是可以在筛选器、计算、参考线等地方替换常量值的动态值。创建参数的菜单如图 3-110 所示。

图 3-110　创建参数界面

对于图 3-110，参数的"名称"和"注释"是用来区分不同用途的参数，具体设置如图 3-111 所示。

图 3-111　参数的"名称"和"注释"设置界面

对于图 3-110，参数的"数据类型"属性如图 3-112 所示，目前有 6 种。其中"浮点"和"整数"通常是匹配对应度量值的数值类型，"字符串"、"日期"与"日期和时间"一般是针对维度字段创建，"布尔"用于逻辑条件判断。

对于图 3-110，参数的"当前值"属性需要在应用前为其键入一个初始值，一般默认为 1，如图 3-113 所示。

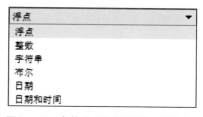

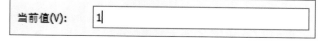

图3-112　参数的"数据类型"设置界面　　　　　图3-113　参数的"当前值"设置界面

对于图 3-110，参数的"显示格式"属性就是让原本的参数显示样式变一种实际需要的显示形式。例如真实的参数是整数型的，当其代表的是人民币时，可以设置显示格式为货币（100 →￥100）。具体设置界面如图 3-114 所示。

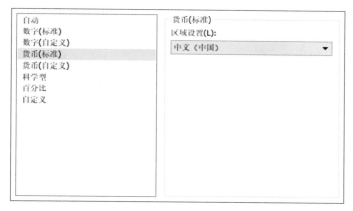

图3-114　参数的"显示格式"设置界面

对于图 3-110，参数"允许的值"属性有 3 种方式包括："全部""列表"以及"范围"。

"全部"是指参数控件是字段中的简单类型，需要手动键入值。

"列表"是能提供可供选择的可能值列表，需要事先输入好结果集，选择的条件不会超过这个集的范围，设置界面如图 3-115 所示。

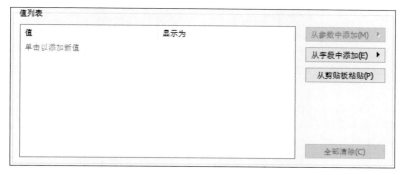

图3-115　"列表"设置界面

"范围"是指用于选择指定范围中的值，可以设置间隔如图 3-116 所示。

图 3-116　"范围"设置界面

Tableau 中参数的应用场景十分广泛，接下来会详细介绍一些常用的参数功能。（所有示例均使用 Tableau 自带的"示例—超市"数据源中的订单表）

3.9.1　Top N 参数筛选

Top N 参数筛选常应用在一定量的数据范围内，需要有目标的筛选出表现好的或差的那部分数据的场景中。例如下例从全国 30 多个省份中筛选出销售额排名前 5 的省份有哪些。具体操作步骤如下。

步骤 1：先创建如图 3-117 所示的文本表。

步骤 2：右键单击"行"上"省/自治区"字段→选择"筛选器"→"顶部"→选择"按字段"→选择"顶部"并右键单击右侧框的下拉选项（"∨"）选择"创建新参数"，具体设置如图 3-118 所示，依据"销售额"字段并

图 3-117　省份文本表

将聚合方式设为"总和"。设置之后的筛选器配置界面如图 3-119 所示。

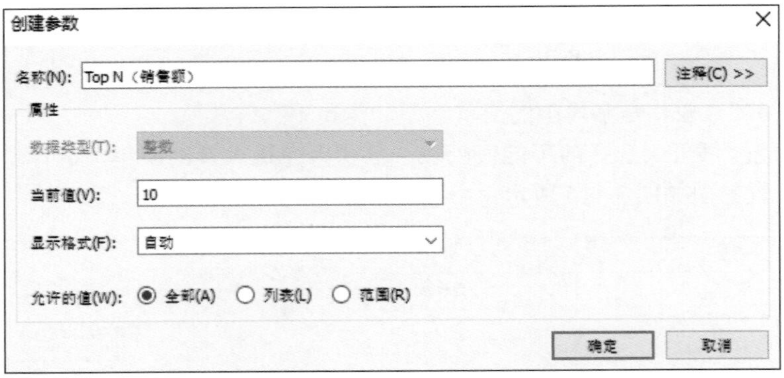

图 3-118　"创建新参数"界面设置

步骤 3：此时可以通过手动键入参数"Top N（销售额）"的值，例如输入 5，视图会自动筛选显示销售额排前 5 的省份，如图 3-120 所示。

图3-119 配置完成的筛选器部分界面

图3-120 Top N参数筛选后的效果

3.9.2 参数更换不同的维度或度量

如果想节省报表的空间或对比同一维度下不同的 KPI 指标等，可以应用参数实现在一幅图表里选择不同的维度或度量进行展示。具体实现步骤如下。

步骤 1： 按照所需展示的指标和维度字段，创建一个用来切换指标的"度量选择"参数，如图 3-121 所示，和一个用来切换维度的"维度选择"参数，如图 3-122 所示。

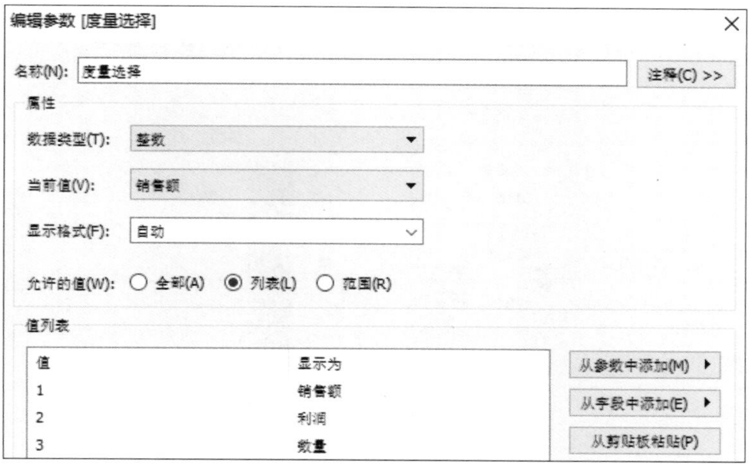

图3-121 "度量选择"参数设置界面

图 3-122　"维度选择"参数设置界面

步骤 2：再创建一个"度量"字段，如图 3-123 所示，和一个"维度"字段，如图 3-124 所示。

```
度量                                        ×

CASE [度量选择]
WHEN 1 THEN [销售额]
WHEN 2 THEN [利润]
WHEN 3 THEN [数量]
END
```

图 3-123　"度量"字段内容

```
维度                                        ×

CASE [维度选择]
WHEN 1 THEN [地区]
WHEN 2 THEN [类别]
WHEN 3 THEN [细分]
END
```

图 3-124　"维度"字段内容

步骤 3：将创建的"维度"字段拖至"列"，"度量"字段拖至"行"，"标记"选择"条形图"。分别右键单击之前创建的两个参数，选择"显示参数控件"用来更换指标或维度字段，最终效果如图 3-125 所示。

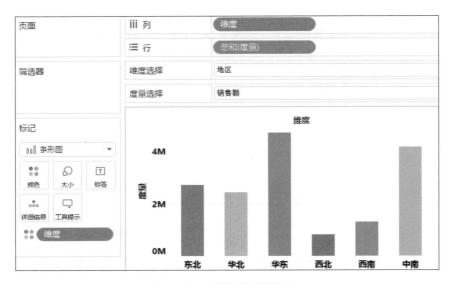

图 3-125　参数更换不同字段

3.9.3　参数控制日期范围

　　参数可以用来与时间维度匹配，筛选出指定日期范围中的数据。这常应用在零售行业中，例如需要灵活查看某段时间的销售情况。具体的操作步骤如下。

　　步骤 1：需要先创建两个日期参数包括：一个"起始日期"参数，如图 3-126 所示，和一个"结束日期"参数，它的配置内容与"起始日期"参数类似（可以通过右键单击"订单日期"→选择"创建"→选择"参数"的方式快速创建）。

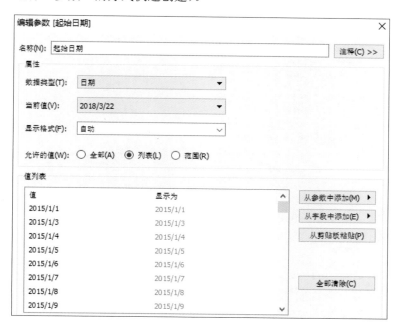

图3-126　"起始日期"参数设置界面

　　步骤 2：如图 3-127 所示，创建一个"日期范围"字段。

　　步骤 3：如图 3-128 所示，创建销售文本表。将"日期范围"字段拖至"筛选器"中→选择"下一步"→选择"特殊值"→选择"非空日期"分别右键单击两个日期参数→选择"显示参数控件"。此时可通过两个日期参数控件来筛选视图。

图3-127　"日期范围"字段内容

图3-128　参数控制日期范围

3.9.4   参数实现模糊匹配

类似于百度关键词搜索，当实际场景中需要通过搜索业务或其他关键字查看对应的指标信息时，可以创建参数模拟通配符功能去实现。例如查找某个日期 / 城市 / 客户的相关消费记录，具体操作步骤如下。

步骤 1：如图 3-129 所示，创建一个"模糊匹配"参数→"数据类型"为"字符串"→"允许的值"为"全部"→"当前值"键入 2018。

图3-129   "模糊匹配"参数设置界面

步骤 2：如图 3-130 所示，创建一个布尔类型的"模糊匹配"字段。

图3-130   "模糊匹配"字段内容

步骤 3：将"城市"、"客户名称"和"订单日期"字段拖至"行"，右键单击"行"上的"订单日期"字段→选择连续的"天"→选择"离散"。"销售额"字段拖至"列"，"模糊匹配"字段拖至"筛选器"并选择"真"，右键单击"模糊匹配"参数→选择"显示参数控件"。此时就可以通过参数键入的指定格式的内容进行模糊搜索了，例如查找"徐婵"客户的购买记录如图 3-131所示。

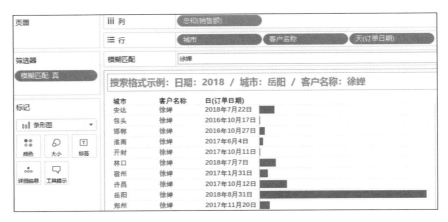

图3-131   模糊搜索

3.9.5　参数控制度量按正序、倒序、默认顺序排列

实际场景中为了方便报表使用人员查看数据，要求某个指标按照维度的正序、降序以及数据源原本的顺序排列。具体操作步骤如下。

步骤1：如图3-132所示，先创建一个"排序"参数。

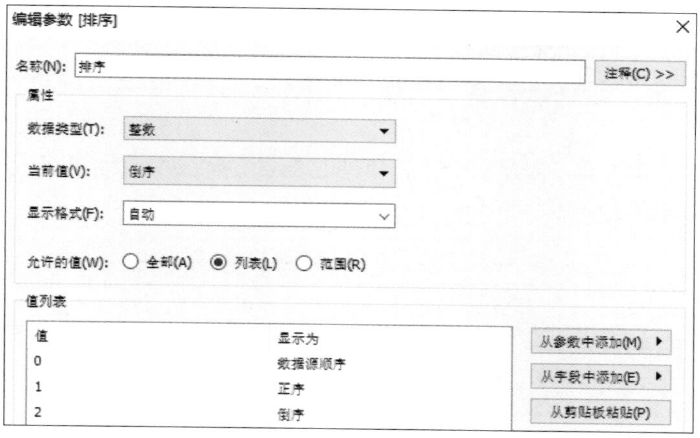

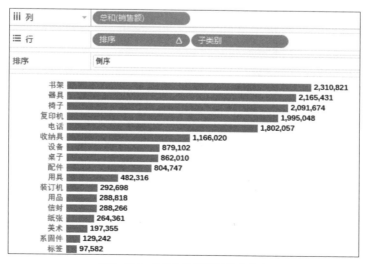

图3-132　"排序"参数配置界面

步骤2：如图3-133所示，创建一个匹配"排序"参数的"排序"字段。

步骤3：将"销售额"字段拖至"列"，"子类别"字段拖至"行"。将"排序"字段拖至"行"→右键单击该字段→"计算依据"设置为"子类别"字段并将其改为"离散"→将该字段拖至"子类别"字段的左侧。右键单击"排序"参数→选择"显示参数控件"。此时就可以通过更改参数的内容，将图3-134按3种不同的顺序进行排列了。

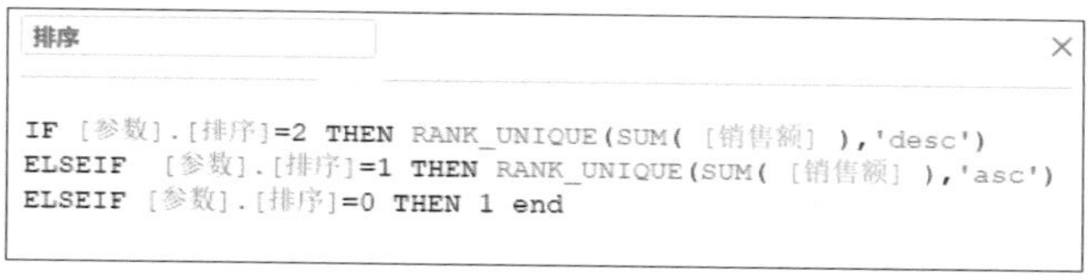

```
排序                                                    ×

IF [参数].[排序]=2 THEN RANK_UNIQUE(SUM( [销售额] ),'desc')
ELSEIF  [参数].[排序]=1 THEN RANK_UNIQUE(SUM( [销售额] ),'asc')
ELSEIF [参数].[排序]=0 THEN 1 end
```

图3-133　"排序"字段内容

图3-134　参数切换视图的排序方式

3.9.6　参数结合集实现同现现象分析

什么是同现现象？举个简单的市场购物篮分析的例子。有多少人同时购买了商品 A 和商品 B ？购买了商品 A 的人通常还会购买哪些其他商品？这就是同现现象。本节的重点是通过类似这类的应用场景去分析实际的客户购买行为。例如分析除了用户选择的商品外同时包含的商品有哪些（数量、销售额等）？具体实现步骤如下。

步骤 1：右键单击"子类别"字段→选择"创建"→选择"参数"→将"名称"改为"订单包含"。

步骤 2：如图 3-135 所示，创建一个"订单同时包含"字段用于标识除了用户选择的商品外，订单中同时包含的剩余其他商品。

图 3-135　"订单同时包含"字段内容

步骤 3：如图 3-136 所示，创建一个"商品匹配"字段用来标记被选择的商品。

图 3-136　"商品匹配"字段内容

步骤 4：右键单击"订单 ID"字段→选择"创建"→选择"集"→将"名称"改为"订单有选定商品"。如图 3-137 所示，设置集所包含的项（采用方框标记的方式效果一样）。

图 3-137　"订单有选定商品"集配置界面

步骤 5： 如图 3-138 所示，将"订单同时包含"字段拖至"行"，右键单击将"订单 ID"字段拖至"列"→选择"计数 (不同)(订单 ID)"，将"订单有选定商品"集拖至"筛选器"，排除视图中商品名称显示为"Null"的条（Null 值是选中产品本身），右键单击"订单包含"参数→选择"显示参数控件"。此时就可以通过切换参数内容来分析购买该商品的客户同时购买其他哪些商品居多或少。

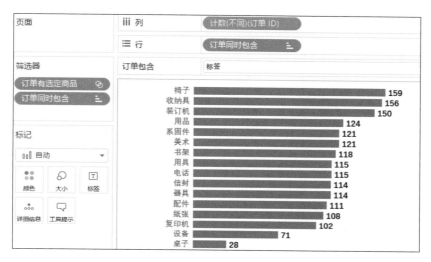

图 3-138　参数实现同现现象分析

3.9.7　参数切换不同图表

应用参数可以随意切换图形并且只占一个图形的位置，还可以模拟我们平时常用的 PPT，实现切换下一页的效果。该功能的应用场景还有很多，但实质做法都是类似的，具体实现过程如下。

步骤 1： 为了模拟切换图形的效果，制作如图 3-139 和图 3-140 所示的两个工作表。

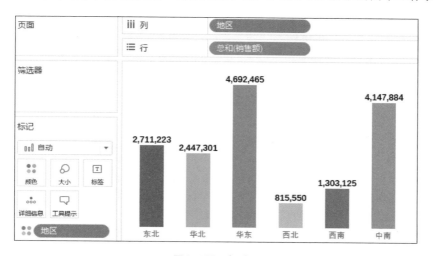

图 3-139　条形图

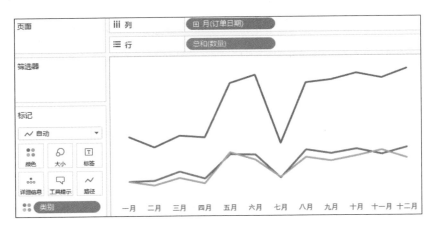

图 3-140　线图

步骤 2：如图 3-141 所示，创建一个"选择图形"参数。

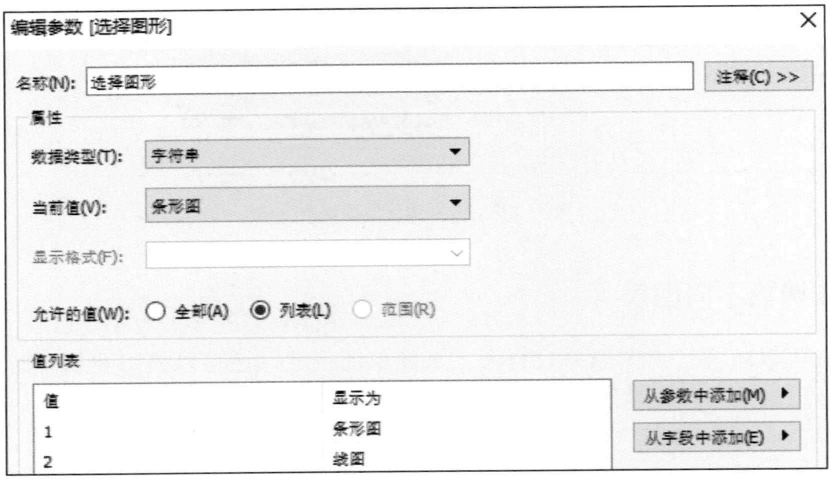

图 3-141　"选择图形"参数配置界面

步骤 3：需要用该参数去筛选图形，为此需要一个维度筛选字段，创建"选择图形"字段（新建计算字段将"选择图新"参数拖入即可），如图 3-142 所示。

步骤 4：对于图 3-139 所示的条形图→右键单击"图形选择"参数→选择"显示参数控件"→选择"条形图"，将"选择图形"字段拖至"筛选器"→勾选条形图的代号"1"，将标题隐藏。对于图 3-140 所示的线图→右键单击"图形选择"参数→选择"显

图 3-142　"选择图形"字段内容

示参数控件"→选择"线图"，将"选择图形"字段拖至"筛选器"→勾选线图的代号"2"，将标题隐藏。最后将两张工作表平铺在同一个仪表板容器内即可。

步骤 5：此时参数的内容为"条形图"，仪表板界面如图 3-143 所示。当我们将参数的内容改为"线图"时，仪表板界面如图 3-144 所示。

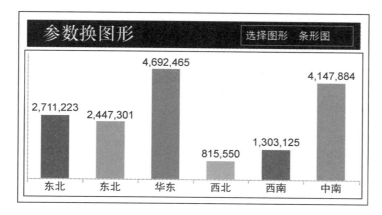

图3-143　参数选择"条形图"

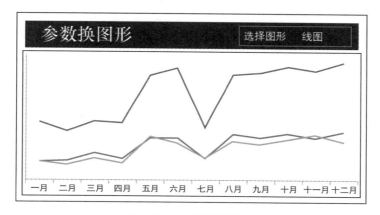

图3-144　参数选择"线图"

3.9.8　参数创建本地数据空提取

在 Tableau 中通过数据提取的方式，会让视图性能得到很大的提升。目前版本的数据提取功能还有很大的优化空间，当我们在本地执行数据提取时，如果电脑性能不佳或者提取的数据量很大的话，执行数据提取往往需要耗费大量的时间。我们可以应用参数创建本地数据空提取来应对这个问题。本地空提取是将 Tableau Desktop 与 Tableau Server 的功能结合起来，在 Tableau Desktop 上先创建一个数据提取，但是数据提取文件中不提取任意一行数据，再将进行空提取处理后的工作簿发布到 Tableau Server 上，利用 Tableau Server 的性能和空闲的时段进行数据提取，然后我们再在此数据提取的基础上创建分析视图即可。实现参数创建数据空提取的步骤如下。

步骤 1：连接到数据库中要分析的表（本地数据如 Excel，在提取前需要发布到 Tableau Server 上，本地再从 Tableau Server 端连接数据）→如图 3-145 所示，创建一个"创建空提取"的布尔型参数。

步骤 2：如图 3-146 所示，创建一个"是否数据空提取？"字段（新建计算字段将"创建空提取"参数拖入即可）。

步骤 3：为了验证数据空提取是否成功提取了空行，需要在工作表中随意拖动一个字段进来，例如将"销售额"字段拖到工作表中。右键单击"创建空提取"参数→选择"显示参数控件"，如图 3-147 所示。

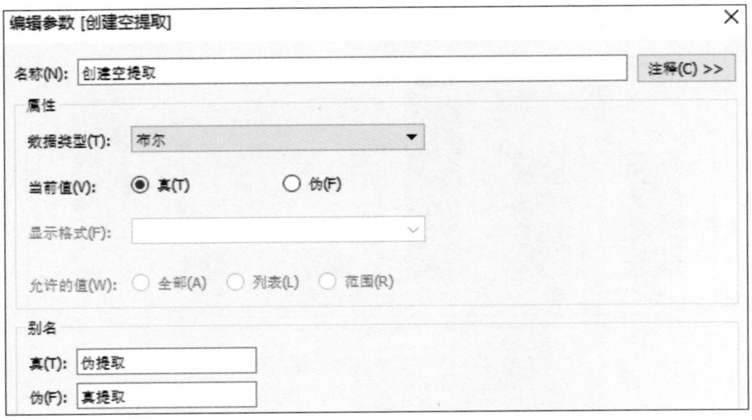

图 3-145   "创建空提取"参数配置

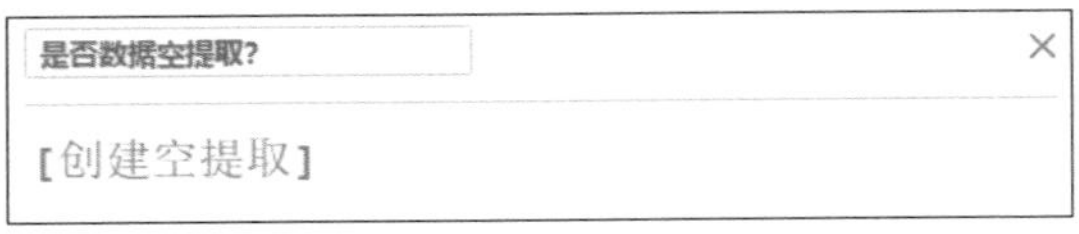

图 3-146   "是否数据空提取？"字段内容

图 3-147   准备验证数据空提取

步骤 4：右键单击左侧边条"数据"窗格中通过步骤 1 连接的数据源→选择"提取数据"→在"提取数据"对话框中选择"添加"→在弹出的"添加筛选器"对话框中选择"是否数据空提取？"字段并单击"确定"→在弹出的"筛选器"对话框中勾选"真"并勾选"排除"后单击"确定"得到图 3-148 所示的"提取数据"界面。

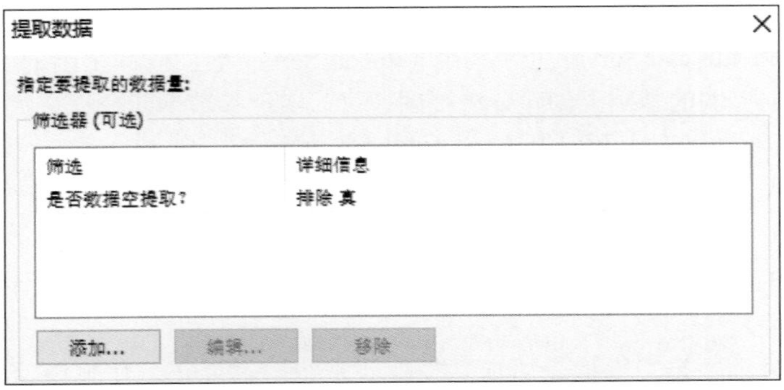

图 3-148   "提取数据"部分界面

步骤 5：单击"数据提取"后，选择保存 .tde 或 .hyper 格式的提取文件的保存路径。提取之后会发现工作表中的条形图消失了，如图 3-149 所示，说明当前提取的数据是空行。

图3-149　验证数据空提取

步骤 6：接下来就需要将该工作表发布到 Tableau Server 上（发布过程中注意需要嵌入数据源凭证并允许刷新访问），发布前需要将参数切换成"真提取"，如图 3-150 所示。发布到 Tableau Server 后可以按实际需求给数据提取设置刷新计划，可以立即执行数据提取更新，也可以设置一个更新时间点，等时间到了自动执行。

图3-150　发布前参数切换

3.9.9　参数选择某个数据集中的数据桶

在 Tableau 中我们可以为数值字段创建自定义数据桶。利用度量创建数据桶时，相当于创建了一个新维度，该维度是依据包含无限制连续值范围的字段去创建包含一组有限并且离散的可能值的字段。数据桶有什么作用呢？数据桶可以用来做复杂图形例如桑基图、玫瑰图的连接路径、扩充点，数据桶还可以转换成离散字段用于创建直方图等。以上所描述的数据桶是依据度量值进行分割，下面介绍的参数数据桶是依据维度进行分割，具体实现步骤如下。

步骤 1：首先如图 3-151 所示，创建一个“索引”字段用来给维度排序。

```
索引

INDEX()
```

图3-151　“索引”字段内容

步骤 2：如图 3-152 所示，创建一个用以分割所选维度的“数据通数”参数。

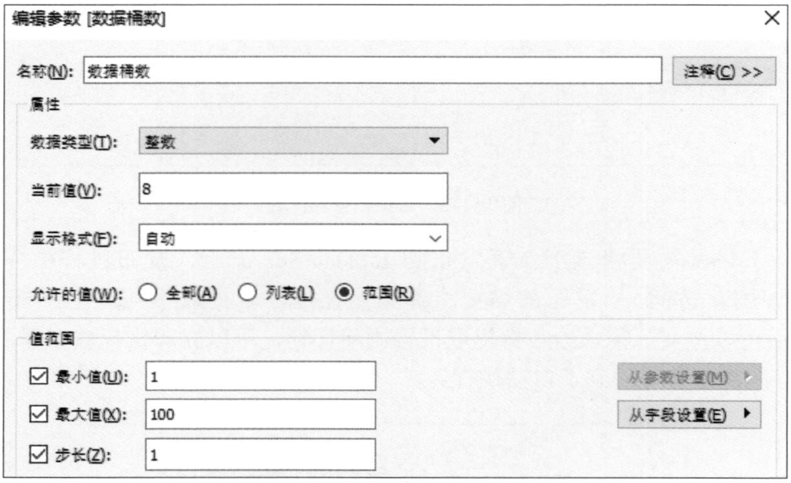

图3-152　“数据通数”参数设置

步骤 3：如图 3-153 所示，创建一个“每个数据桶的大小”字段用来定义数据桶的间隔。如图 3-154 所示，创建一个“动态数据桶”字段用来配合“索引”字段动态分割维度。

```
每个数据桶的大小

IF ([数据桶数]/SIZE()>.5) AND (([数据桶数]-1)/SIZE()<.5)
THEN 2
ELSEIF [数据桶数]/SIZE()>.5
THEN 1
ELSEIF ROUND((SIZE()/[数据桶数])-10^(-10), 0) !=INT(SIZE()/[数据桶数])
THEN INT((SIZE()/([数据桶数])))+ 1
ELSE
INT((SIZE()/([数据桶数])))
END
```

图3-153　“每个数据桶的大小”字段

步骤 4：将所需分割的维度字段拖至行（例如“子类别”字段），“动态数据桶”字段拖至“行”→右键单击该字段选择“离散”→将其拖至“子类别”字段的左侧→右键单击该字段选择“计算依据”为“子类别”字段，“销售额”字段拖至“列”，右键单击“数据桶数”参数并选择“显示参数控件”后得到图 3-155。此时可以通过该参数动态分割“子类别”字段。

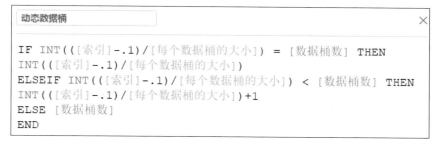

图 3-154 "动态数据桶"字段内容

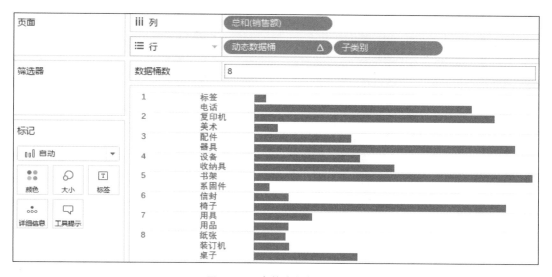

图 3-155 参数动态分割维度

除了上述的应用外，参数还可以实现独立于主数据源筛选辅助数据源、参数选择集、参数 URL 跳转、参数自定义算法等。从参数的作用类型上，可以将参数的众多应用归纳为两大类：一是用来做筛选，二是用来键入动态值。

3.10 Tableau 中常用的显示技巧

在数据可视化的过程中，为了达到一些既定的视觉效果我们通常会应用一些显示技巧，包括对标签、双轴、颜色等功能的使用来丰富图表的样式及外观，给使用报表的人直观且舒适的感觉。

Tableau 中显示技巧的应用场景十分广泛，接下来会详细介绍一些常用的显示技巧。（所有示例均使用 Tableau 自带的"示例—超市"数据源中的订单表）

3.10.1 行列超过默认上限时如何处理

当一个视图里"行"或"列"上需要放置多个维度或者度量时，通常会出现原本显示为单独列的几个字段自动合并显示为一列的场景，如图 3-156 所示。

图 3-156 "行"上字段过多导致内容自动合并

此时即使将显示模式调成适合宽度也不起作用，这是因为 Tableau 默认推荐一张工作表行列字段数小于或等于 6 为可视化最佳的显示效果。如图 3-156 中"行"上有 7 个字段，第一列就将两个字段自动合并成一列显示，如果想要将其分开可以选择菜单栏

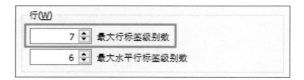

图 3-157 更改"最大行标签级别数"

中的"分析"选项→选择"表布局"→选择"高级"→将"最大行标签级别数"改成 7 即可（设置行列的最大级别数上限为 16），具体配置如图 3-157 中红框标记所示。

更改"最大行标签级别数"后，视图的效果如图 3-158 所示。

图 3-158 更改行数默认显示上限后的显示效果

3.10.2 如何隐藏坐标轴的刻度、数值只显示标题

我们平时创建的条形图会在度量值所在的坐标轴上显示刻度线、刻度值与指标名称，如图 3-159 所示。

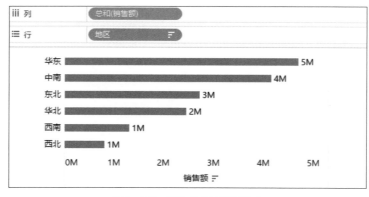

图 3-159 默认坐标轴显示样式

如图 3-159 所示，当条形图内已经显示了具体数值时，此时的坐标轴刻度值会显得信息重复，并且浪费了一定的位置。如果直接将坐标轴隐藏，那么指标名称也会跟着一起消失，怎样只显示指标的名称而不显示刻度线与刻度值呢？右键单击需要更改的坐标轴→选择"编辑轴"→选择"刻度线"→将"主要刻度线"和"次要刻度线"均设置成"无"，如图 3-160 所示。此时的视图如图 3-161 所示。

图 3-160　坐标轴"刻度线"设置

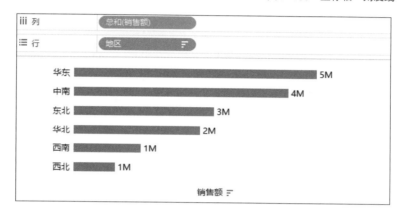

图 3-161　只显示指标名称的坐标轴

3.10.3　如何去掉文本表的占位符"Abc"

有时当我们创建一个如图 3-162 所示的文本表时，会出现影响视图美观的占位符"Abc"。

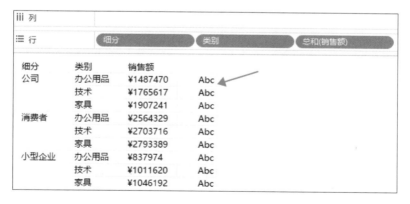

图 3-162　出现占位符"Abc"的文本表

如何去掉这些影响视图美观的占位符呢？下面介绍 4 种方法。

1.　手动调整视图大小

光标悬停在占位符"Abc"所在列的右侧边框线处→当光标变成"↔"时按住左键，向右拖到"Abc"消失为止，具体效果如图 3-163 所示。（该方法虽然简单，但不建议采用尤其是当文本表列数较少时，另外如果对性能要求到极致的场景可以采用此办法）

细分	类别	销售额
公司	办公用品	¥1487470
	技术	¥1765617
	家具	¥1907241
消费者	办公用品	¥2564329
	技术	¥2703716
	家具	¥2793389
小型企业	办公用品	¥837974
	技术	¥1011620
	家具	¥1046192

图 3-163　手动去掉占位符"Abc"

2. 将"标记"改为"多边形"

因为目前的多边形视图无法添加标记，所以选择"标记"→将"文本"改为"多边形"即可消除占位符，具体效果如图 3-164 所示。（此方法相较于手动的方式会更好一些，但还是没有完全去掉占位符所占的位置）

细分	类别	销售额
公司	办公用品	¥1487470
	技术	¥1765617
	家具	¥1907241
消费者	办公用品	¥2564329
	技术	¥2703716
	家具	¥2793389
小型企业	办公用品	¥837974
	技术	¥1011620
	家具	¥1046192

图 3-164　选择"多边形"去掉占位符"Abc"

3. 将任意字段拖至"文本"中，并将内容设置为空格或删除

在"文本"里随意拖一个字段→单击"文本"→将内容设置为空格或删除该字段，具体效果如图 3-165 所示。（该方法与上个方法的效果类似）

图 3-165　利用"文本"内容去掉占位符"Abc"

4. 去掉占位符"Abc"及所占位置

复制"行"上最后一个字段至"文本"→右键单击"行"上最后一个字段，不勾选"显示标题"→双击"列"区域，输入"销售额"。具体效果如图 3-166 所示。（将占位符"Abc"与所占位置都去掉）

图 3-166　去掉占位符"Abc"及所占位置

3.10.4　如何为没有标签的字段添加标签

当我们遇到视图中某个字段缺失显示标签时，可以手动为其创建一个显示标签字段。例如图 3-167 所示，由于"数量"字段放置在"文本"中导致其缺失相应的标签，可以双击"列"上的区域，手动键入"数量"标签。

图 3-167　手动添加标签

3.10.5　如何为文本表中的标记列添加形状

当我们创建了一个文本表，想要突出其中某个重要的字段，例如图 3-168 所示的每个地区的"客户数量排名"字段时，可以采用下述操作。

为该字段添加一个图案并且改变颜色，使其与其他字段看起来明显不同。为此将"标记"改为"圆"（其他形状均可）→更改文本内容的位置使其居中→调节圆的"大小"使其大于文本的内容→将"度量名称"字段拖至"颜色"→将除了"客户量排名"字段的其他字段颜色改为背景色，如图 3-169 所示。

图 3-168   未突出"客户数量排名"字段

图 3-169   突出"客户数量排名"字段

3.10.6   如何为上升或下降的数值匹配箭头字符

包括零售、金融在内的众多行业都会对某些指标的增长或下降情况进行分析对比，例如图 3-170 所示的销售额的环比增长情况。

图 3-170   销售额环比增长情况

有时正负号代表的数值上升或下降的效果不是很直观，能不能换一种直观的展现形式呢？右键单击文本里的"销售额"字段→选择"设置格式"→选择"区"中的"默认值"所在区域内的"数字"并单击下拉选项"∨"→选择"自定义"→键入需要展现的数值格式，如图 3-171 和图 3-172 所示。（本例是百分比类型，也可以将表达数值上升或下降的字符放在具体数值后面）

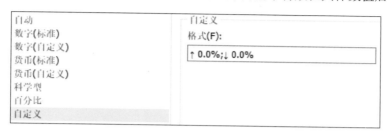

图 3-171 指标格式设置 1

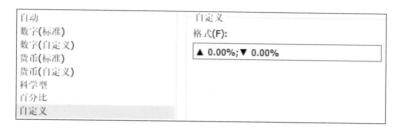

图 3-172 指标格式设置 2

为数值匹配相应的字符后显示效果如图 3-173 所示。（3 种效果做对比）

一月		一月		一月	
二月	-12.87%	二月	↓ 12.9%	二月	▼ 12.87%
三月	39.00%	三月	↑ 39.0%	三月	▲ 39.00%
四月	-22.40%	四月	↓ 22.4%	四月	▼ 22.40%
五月	130.99%	五月	↑ 131.0%	五月	▲ 130.99%
六月	-2.76%	六月	↓ 2.8%	六月	▼ 2.76%
七月	-48.09%	七月	↓ 48.1%	七月	▼ 48.09%
八月	105.56%	八月	↑ 105.6%	八月	▲ 105.56%
九月	-10.07%	九月	↓ 10.1%	九月	▼ 10.07%
十月	6.14%	十月	↑ 6.1%	十月	▲ 6.14%
十一月	0.36%	十一月	↑ 0.4%	十一月	▲ 0.36%
十二月	-1.02%	十二月	↓ 1.0%	十二月	▼ 1.02%

图 3-173 3 种不同的数值显示效果

3.10.7 如何为上升或下降的数值匹配预警色

3.10.6 中我们为上升或下降的指标添加了标记字符，接下来我们要为其匹配对应的预警色，匹配预警色的方式有两种，包括用指标字段自身染色和创建计算字段染色。

1. 用指标字段自身染色（所有文本的颜色都会随着指标变化）

步骤 1：如图 3-174 所示，创建一个文本表。

图3-174 未染色的文本表

步骤 2：将"销售额同比"字段拖至"颜色"→单击"颜色"→选择"编辑颜色"→选择"自定义发散"并选择合适的颜色代表上升或下降→勾选"渐变颜色"并设置为 2 阶→勾选"使用完整颜色范围"→选择"高级"→勾选"中心"并设置数值为 0。具体设置如图 3-175 所示。

设置颜色后的效果如图 3-176 所示，此时如果同比是上升的颜色显示为绿色，同比若是下降的会自动调整为红色。（该方法即使只对同比字段进行了染色，但整个文本的其他内容也会随其染色）

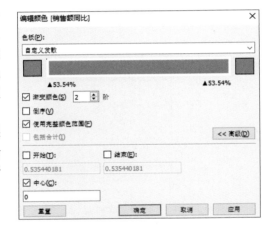

图3-175 预警颜色设置

2. 创建计算字段染色

如果只想给单个指标或者只给箭头染色，而其他文本不变色，需要创建对应的染色字段。例如只给本例中的"销售额同比"字段染色。

图3-176 全部染色的文本表

步骤 1：如图 3-177 所示，创建一个"销售额同比 (上升)"字段，如图 3-178 所示，创建一个"销售额同比 (下降)"字段。

图3-177 "销售额同比 (上升)"字段内容

图 3-178　"销售额同比(下降)"字段内容

步骤 2：将创建的两个用来染色的字段拖至"文本"代替之前的"销售额同比字段"→单击"文本"并如图 3-179 所示，为这两个字段设置预警色。

图 3-179　同比字段预警色设置

此时的同比字段会按实际数值去单一匹配这两个染色字段（其他内容不染色）。若是上升则显示为绿色，反之显示红色，如图 3-180 所示。

图 3-180　仅目标字段染色的文本表

3.10.8　怎样互换图表顶部与底部标签的显示位置

有时为了观看者能够以最直观的方式看到视图的提示标签，我们往往需要将原本显示在视图底部或顶部的标签颠倒位置去显示。一般互换视图显示标签的场景有 3 种包括：将视图底部的标签显示在顶部（针对维度）、将视图底部坐标轴的标签显示在顶部（针对度量）以及仪表板中拼接表去解决较复杂的标签显示位置的问题。

1.　将视图底部的标签显示在顶部（针对维度）

如图 3-181 所示，一般当"列"上存在两个维度字段时，最内层的维度标签会显示在视图底部。

如何将底部的标签也显示在顶部呢？（当"列"上仅存在一个维度字段时，标签会显示在视图底部，将底部的标签显示在顶部的办法也是类似的）选择菜单栏的"分析"选项→选择"表布局"→选择"高级"→如图 3-182 所示配置表选项→不勾选"当存在垂直轴时在视图底部显示最内级别"。

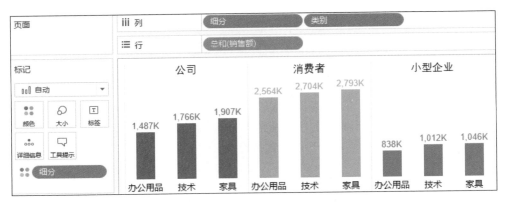

图 3-181　默认标签显示位置的条形图

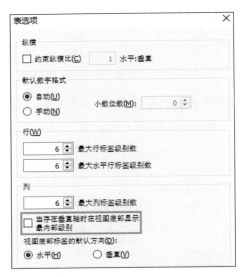

图 3-182　表选型配置界面设置

更改显示标签位置后的视图显示效果如图 3-183 所示。

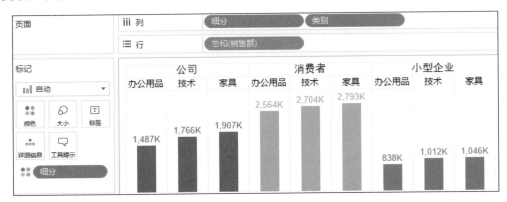

图 3-183　更换标签显示位置的条形图

2. 将视图底部坐标轴的标签显示在顶部（针对度量）

度量的标签一般会出现在底部坐标轴的下方。如何在顶部显示该度量指标的标签呢？再拖一个该度量指标至"列"→右键单击视图中的坐标轴→选择"双轴"→选择"同步轴"→（对上下两个轴都执行：右键单击轴并选择"编辑轴"→选择"刻度线"→主次刻度线均设置成无）→右键单击底部轴选择"编辑轴"→删除"轴标题"里的标签后得到图3-184。

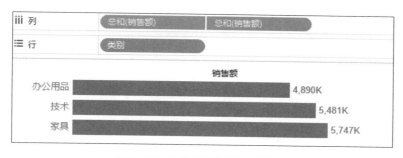

图3-184　更换度量标签显示的位置

3. 仪表板中拼接表

当遇到上述1和2中解决不了的场景时，若是在仪表板中可以采用拼接表的方式去解决。

显示技巧的应用场景还有很多，对这些技巧的使用原则一般要遵循在不影响视图性能的前提下。如果所修改的显示内容能自动随着数据的更新而更新，那么可以考虑美化视图，否则只建议用在一次性的可视化图表宣传场景，而非实际日常使用的固定频率刷数的报表中。

3.11 如何应用工具提示功能

Tableau 的"标记"选项中有一个"工具提示"的功能，如图3-185 所示。通常在我们制作图表时，在工作表区域内放置的字段会自动显示在工具提示区域中。通过单击"工具提示"选项可以进入自定义具体要显示的内容和一些与数据交互的动作。

图3-185　"工具提示"功能

在 Tableau Desktop 10.5 版本之前，工具提示通常只能承载一些文本（字符串、数值等）类型的内容。10.5 版本之后，工具提示里可以承载可视化图表使得可视化内容的联动性与完整性得到了延展。对于"工具提示"的使用也很广泛，接下来会详细介绍一些常用的应用场景。（所有示例均使用 Tableau 自带的"示例—超市"数据源中的订单表）

3.11.1 仪表板添加说明信息

当我们完成了一个工作表或者一个可视化仪表板时，通常加上一些文字或其他详细信息的描述，会使所做的内容更加完善。此时工具提示就提供了一个很好的区域去承载这些内容，如图3-186 所示。

图3-186　工作表提示信息

3.11.2　放大具体字段的显示内容

当我们创建的图表包含很多记录时，一些具体的维度和数值文本往往不能很好得显示或者只能选择用很小的字号去显示。此时我们可以通过修饰工具提示中相应的维度和数值字段，来"放大"要显示的信息，如图 3-187 所示。

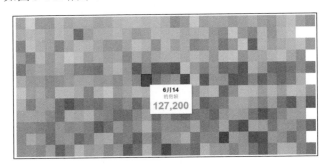

图 3-187　放大图表显示字段

3.11.3　工具提示中放置图表

工具提示显示可视化图表在 Tableau Desktop 10.5 版本之前和 10.5 版本之后有明显不同的做法，具体操作步骤如下。

1. Tableau Desktop 10.5 版本之前模拟工具提示可视化

步骤 1：如图 3-188 所示，创建一个文本表。

图 3-188　文本表

步骤 2：目前这张表显示的内容是 3 个产品销售额的总值，现在想将鼠标悬停在每个产品上时，提示该产品每年的销售额情况。为此可以根据具体要显示的年份创建几组类似如图 3-189 和图 3-190 所示的计算字段。

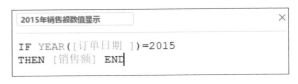

图 3-189　数值显示字段内容

图 3-190　模拟柱形显示字段内容

步骤 3：其余年份的字段与步骤 2 图中所示的字段内容类似，创建好所有字段后将这些字段全部拖至工具提示中，并按图 3-191 调整工具提示的内容。

图3-191 工具提示内容设置

步骤 4："××××年销售额模拟柱形"字段的字体推荐使用文化中宋，模拟的图形显示效果较好。此时将鼠标悬停在具体的每个产品上时，工具提示会显示一幅类似柱形图的提示内容，如图 3-192 所示。

图3-192 模拟工具提示可视化

2. Tableau Desktop 10.5 版本之后的工具提示可视化

步骤 1：如图 3-193 所示，创建一个关于地区销售额的条形图。

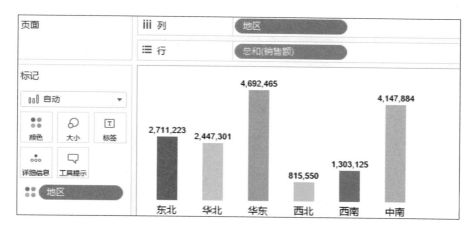

图3-193 地区销售额条形图

步骤 2：如图 3-194 所示，创建一个不同产品类别销售额的条形图。

图3-194　提示条形图

步骤3：编辑工具提示的内容→选择"插入"→选择"工作表"→选择步骤2中创建的工作表"提示条形图"，操作过程如图3-195所示。

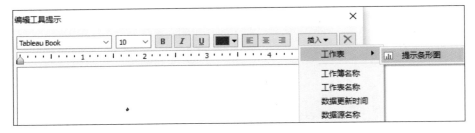

图3-195　插入可视化操作界面

步骤4：如图3-196中红色框标记的内容，可以更改工具提示中可视化的显示尺寸、按哪种筛选条件显示内容等。

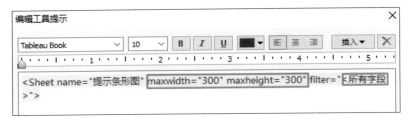

图3-196　可视化内容配置项

此时将鼠标悬停在每个地区时，工具提示会显示该地区不同产品类别的销售额情况（还可以将插入工具提示的工作表隐藏），如图3-197所示。

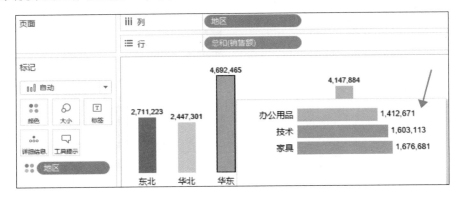

图3-197　工具提示可视化显示效果

第4章 Tableau 可视化设计

　　我们眼中的世界跟大多数动物眼中的世界是不同的，许多动物眼睛的构造不发达，不能分辨物体边缘的差异以及光照射在物体上时透过和反射出来的颜色。相比于它们来说人类是足够幸运的，我们能够看到形态千奇百怪的物体和周围色彩斑斓的环境。正因如此从古至今对"美"的诠释和追求便无时无刻不充斥在我们日常生活和工作的每个角落。

　　现代的可视化分析报表更像是一幅精美而又蕴含深意的画作，对于绘画中国人讲究神似而非形似，西方人旨在分毫不差的"再现"。然而对于可视化设计而言，既要有西方人对于可视化每一处内容一丝不苟、把控细节的"再现"能力，又要具备"醉翁之意不在酒"的全局观和高度概况能力。

4.1 可视化字体的设计

　　制作可视化内容时，我们可以使用 Tableau 提供的多种字体，一般情况下 Tableau 会自动选用默认字体（Tableau Book 等）。如果想要自定义，那么在 Tableau 中几乎可以控制在工作表中一切字体内容的外观。

因为文字是可视化作品的提示说明部分，所以在一幅好的可视化作品中千万不能忽视对字体这一细节的处理与把控。例如在 Tableau 中太小的字号如 8 号汉字，用微软雅黑字体显示较清晰。想要电玩风效果的字体，可以用 Small Fonts 字体等。那么怎样自定义我们的可视化字体呢？接下来从几个方面具体说明在 Tableau 中如何修改字体内容，来达到可视化的最佳效果。

4.1.1　在 Tableau 中如何设置字体格式

设置字体的方式一般从最大范围到最小范围划分为 3 种（范围是指更改字体属性后生效的位置，比如是在单个字段更改还是在某个工作表更改），包括在工作簿级别设置格式、在工作表级别设置格式以及对视图某个部件设置格式。

1. 在工作簿级别设置格式

工作簿目前是用于设置更改格式的最大容器，在该级别进行更改将作用在所有工作表或更小的单元上，为我们节省很多时间，具体操作步骤如下。

步骤 1：在菜单栏上选择"设置格式"→选择"工作簿"。

步骤 2：左侧的字体设置窗格中提供了一系列选择项，可以在这些下拉列表中更改工作簿中的所有字体设置，也可以选择更改工作表、故事和仪表板的标题字体设置等，设置菜单如图 4-1 所示。

2. 在工作表级别设置格式

如果想对工作簿中的单个表设置字体效果，可以在工作表级别设置格式，该操作的更改只会应用于正在处理的视图，具体操作步骤如下。

步骤 1：在菜单栏上选择"设置格式"→选择"字体"。

步骤 2：左侧的字体设置窗格提供了一系列选择项，具体设置菜单如图 4-2 所示。

图4-1　工作簿字体格式设置菜单

图4-2　工作表字体格式设置菜单

3. 对视图某个部件设置格式

在较大范围（例如整个工作簿或工作表级别）应用格式设置之后，如果希望仅设置视图某个部分（例如某个标题）的字体格式。若要指定单独的格式设置，可以鼠标右键单击（Mac 上按住 <Ctrl> 单击）视图的特定部分并选择"设置格式"。可以指定单独的格式设置部分包括：设置字段和字段标签的格式、设置数字和 Null 值的格式、设置标题、说明、工具提示和图例的格式以及设置筛选器和参数的格式。

需要注意如果在较大范围更改字体后，在较小范围更改字体是可以正常显示的。但如果在较小范围做了字体更改后，再在较大范围设置格式则会覆盖之前的设置。

4.1.2 可以更改的字体属性有哪些

字体的属性包括：字体类型、颜色、大小、位置、粗细、倾斜、下画线等。在 Tableau 中我们通过对这些属性的更改，来赋予字体一些可视化的效果。

1. 字体类型

目前本地版本的 Tableau 内置了 250 多种字体供大家使用。但如果想要使用非内置的字体怎么办？与其他软件类似，如果想使用特定的字体，将字体安装在本机即可。需要特别注意，如果使用了非 Tableau 内置的字体，并且将内容上传到 Web 端，还需要将字体安装在运行 Tableau Server、Tableau Online 或 Tableau Public 的计算机上，否则会显示默认字体。

使用的任何不支持的字体上传到 Web 端的工作簿后将显示为 Arial，快速筛选器始终以 Arial 字体显示，目前不支持 Webdings 和 Wingdings 字体，并且不同浏览器会以不同方式呈现相同的字体。所以有时候即使为客户端浏览器安装了自定义字体，在不同浏览器中查看时，该字体看起来也可能有所不同，并且对于要使用特定间距达到预期效果的注释或标题，这种情况尤其明显。为了确保 Tableau Server、Tableau Online 或 Tableau Public 能够正确地呈现字体，请使用“Web 安全”字体，包括：Arial、Comic Sans MS、Courier New、Georgia、Lucida Sans Unicode、Tableau、Tahoma、Times New Roman、Trebuchet MS、Verdana 等。

举个具体的例子，假如你是个萌妹子，想使用比较可爱的字体，可以下载安装特定的字体，然后在 Tableau 中进行设置，具体字体效果如图 4-3 所示。

2. 颜色

为字体设置不同的颜色，有很多实际的用途，如图 4-4 所示的增长率预警。

图 4-3　使用自定义字体　　　　　　　　　　图 4-4　为字体设置合适的颜色

3. 大小

字体的大小也有很多应用场景，如图 4-5 所示的突出重点信息。

4. 位置

将字体摆放在合适的位置，会使可视化内容看起来错落有序，如图 4-6 所示。

5. 粗细

将字体加粗如图 4-7 所示，通常也是为了突出表达某一事物，毕竟细的字体有时候会让人觉得是打印机又缺墨了。

图 4-5   为字体设置合适的大小

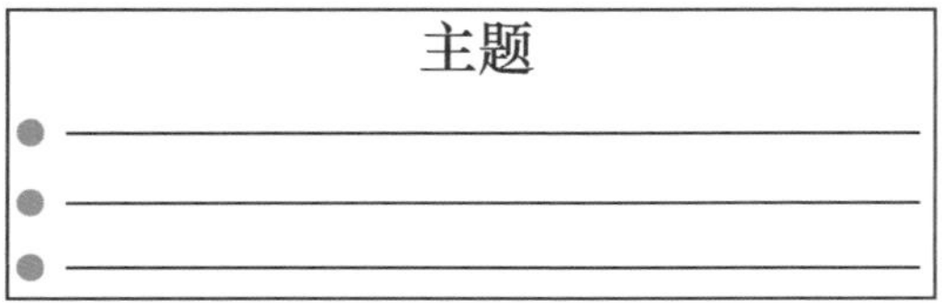

图 4-6   为字体设置合适的位置

图 4-7   为字体设置合适的粗细

6．倾斜

作者也一直很好奇让字体倾斜这件事的具体作用，但百度、谷歌等均没有给出合理的答案。有的说是英文书写的习惯，有的说是公式小标字符。索性就定义它是负责美的吧，如图 4-8 所示。

7．下画线

下画线就是给字体下面加上一条直线，如图 4-9 所示。作者认为设定它的程序员怕这行字打歪了，拿根直线比着。对于下画线大家应该不陌生，早期的网页有链接的地方，都会在相应的字体下方加上下画线，来表示此处有链接操作。

图 4-8   倾斜字体

图 4-9   为字体设置下画线

4.1.3   常用的字体推荐

Tableau 中常用的一些字体如图 4-10 所示。

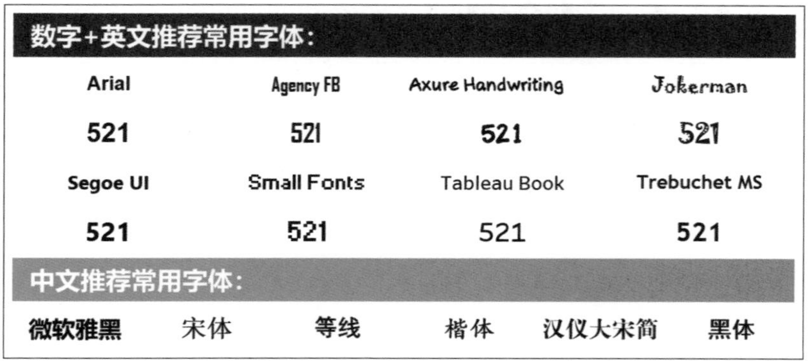

图 4-10   常用字体推荐

4.2 可视化色彩的搭配

色彩也是好的可视化作品中必不可少的一部分。在 Tableau 中视觉科学家已经帮我们内置搭配了多种配色方案，供我们在制作可视化时自动搭配颜色，如图 4-11 所示。

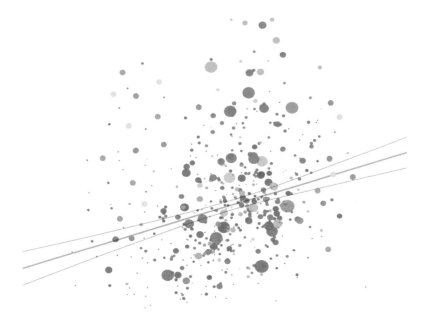

图4-11 可视化颜色

对于色彩的使用和搭配，在日常工作中已经有很多人总结了方法与心得。比如有人会告诉你，在一幅可视化作品里最好不要使用超过 4 种的颜色，颜色过多会显得没有重点；或者还有人说，你可以尝试用色系接近的颜色作搭配，这样整幅可视化作品没有太大的跳跃感，看起来比较和谐。其实选择什么样的色彩，用在什么样的场景下都可以，一些推荐的色彩搭配，往往是普遍适用的。想要做出惊艳、与众不同的可视化作品还需细细打磨色彩的搭配才可以，接下来就教大家一些在 Tableau 中搭配色彩常用的技巧。

4.2.1 内置调色板的适用场景

内置调色板的适用场景按所标记的字段一般分为两种，包括针对离散字段（通常是维度）的分类调色板、针对连续值分布字段（通常是度量）的定量调色板。定量调色板又根据连续值的分布分为定量连续调色板和定量发散调色板。

1. 分类调色板

将具有离散值的字段放在"标记"的"颜色"上时，Tableau 将使用分类调色板，并为字段的每个值分配一种颜色。分类调色板包含不同的颜色，这些颜色适用于值没有固有顺序的字段，例如部门或区域等，如图 4-12 所示。

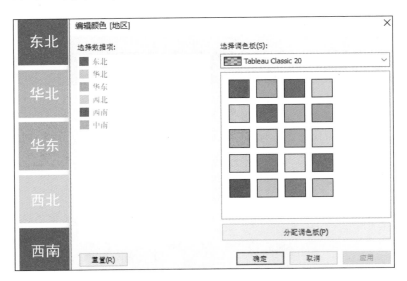

图 4-12　分类调色板

2. 定量调色板

将具有连续值的字段放在"标记"的"颜色"上时，Tableau 将显示一个具有连续颜色范围的定量图例。如果字段中所有的值都是正值或负值，则默认值范围将使用一个颜色范围，通常将其称为连续调色板；如果字段中既有负值也有正值，则默认值范围将使用两个颜色范围，通常将其称为发散调色板，如图 4-13 所示。

定量是什么意思呢？其实就是按图 4-14 进行设置，配置调色板的相关选项。例如定为几阶渐变色，正序还是倒序等。

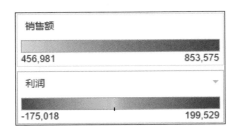

图 4-13　定量调色板

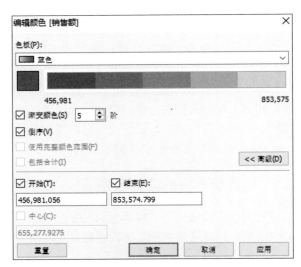

图 4-14　定量调色板具体设置

4.2.2　如何添加自定义调色板

如果想要使用 Tableau 里没有的配色方案，但却是所在公司常用的配色体系，那么可以通过修改 Tableau Desktop 附带的 Preferences.tps 文件来创建和使用个人的自定义调色板。

创建步骤如下：首先导航到文档目录下的文件夹 My Tableau Repository/ 我的 Tableau 存储库（路径如图 4-15 所示）→其次找到 Preferences.tps 文件，因为该文件是一个基本 XML 文件，所以可以用文本编辑器打开并编辑所需添加的具体配色→最后保存该文件并重启 Tableau Desktop。

图 4-15　调色板文件存储路径

根据 Tableau 自带的调色板模式，我们可以添加 3 种类型的个人配色方案，包括自定义分类调色板、自定义连续调色板及自定义发散调色板，其文件编写内容如图 4-16 所示。需要注意添加颜色时请使用标准的 HTML 格式（十六进制值 #RRGGBB 或"红绿蓝"格式），并且目前版本的 Tableau 不会测试自定义调色板，也不会为其提供支持，因此在添加之前最好备份原来的工作簿。此外，目前也无法保证创建的自定义调色板可与将来的 Tableau Desktop 升级配合工作。

```
Preferences.tps - 记事本
文件(F)  编辑(E)  格式(O)  查看(V)  帮助(H)
<?xml version='1.0'?>
<workbook>
 <preferences>
  <color-palette name='My custom classified palette' type='regular'>          自定义分类调色板
   <color>#3C989E</color>
   <color>#5DB5A4</color>
   <color>#F4CDA5</color>
   <color>#F57A82</color>
   <color>#ED5276</color>
  </color-palette>

  <color-palette name='My custom continuous color palette' type='ordered-sequential'>   自定义连续调色板
   <color>#FCFF00</color>
   <color>#FFE600</color>
   <color>#FFCC00</color>
   <color>#FFA700</color>
   <color>#FF7F00</color>
  </color-palette>

  <color-palette name="My custom divergent palette" type="ordered-diverging" >    自定义发散调色板
   <color>#28B799</color>
   <color>#D75749</color>
  </color-palette>
 </preferences>
</workbook>
```

图 4-16　自定义调色板代码

4.2.3　常用的色彩搭配

推荐一些笔者喜欢的配色方案，具体如下。

配色方案 1（如图 4-17 所示）

图4-17 配色方案1

配色方案 2（如图 4-18 所示）

图4-18 配色方案2

配色方案 3（如图 4-19 所示）

图4-19 配色方案3

配色方案 4（如图 4-20 所示）

图4-20 配色方案4

配色方案 5（如图 4-21 所示）

图4-21 配色方案5

配色方案 6（如图 4-22 所示）

图 4-22 配色方案 6

配色方案 7（如图 4-23 所示）

图 4-23 配色方案 7

配色方案 8（如图 4-24 所示）

图 4-24 配色方案 8

配色方案 9（如图 4-25 所示）

图 4-25 配色方案 9

配色方案 10（如图 4-26 所示）

图 4-26 配色方案 10

配色方案 11（如图 4-27 所示）

图 4-27　配色方案 11

配色方案 12（如图 4-28 所示）

图 4-28　配色方案 12

配色方案 13（如图 4-29 所示）

图 4-29　配色方案 13

配色方案 14（如图 4-30 所示）

图 4-30　配色方案 14

配色方案 15（如图 4-31 所示）

图 4-31　配色方案 15

配色方案 16（如图 4-32 所示）

图 4-32　配色方案 16

配色方案 17（如图 4-33 所示）

图 4-33　配色方案 17

配色方案 18（如图 4-34 所示）

图 4-34　配色方案 18

配色方案 19（如图 4-35 所示）

图 4-35　配色方案 19

配色方案 20（如图 4-36 所示）

图 4-36　配色方案 20

对于可视化色彩的搭配其实没有什么固定的规律去遵循，在什么样的场景下选择什么样的颜色，还需要各位数据分析师在日常生活和工作中不断积累反复练习。通用的配色口诀可以总结为：对比多用反色、平时用临近色；庄严场合上冷色、活泼场合用暖色；深色背景用亮色、浅色背景勿用亮色；观看者若是男性通常整个界面上使用的颜色数小于或等于 5，观看者若是女性通常色彩的搭配可以稍微丰富一些；最后所有的配色均以感官和谐为主。

4.3　可视化图片的选用

在 Tableau 中使用外来的图形元素是丰富可视化作品的点睛之笔，同样 Tableau 作为数据界的画板，本身也可以画出一些好看的图形供自身在做数据可视化时使用，图 4-37 就是用 Tableau 画出的大熊猫图案。

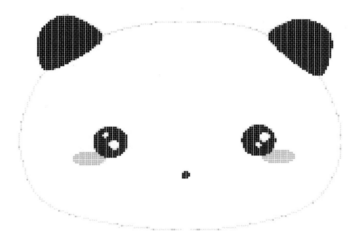

图 4-37　Tableau 大熊猫

对于图形的选用和处理，和读者们分享一些具体的场景。

4.3.1　图片在 Tableau 中的适用场景

Tableau 中图形的使用方式大致分为 4 种，包括将图形插入工作表充当形状、将图形插入工作表充当背景、图形放置仪表板点缀可视化、将图形放置仪表板充当背景。

1. 将图形插入工作表充当形状

此类使用方式具体的操作步骤，在第 3 章如何应用形状功能一节中有具体介绍。对于该类图形的使用一定要注意，图形代表了具体的维度字段或跳转操作，在查找或制作图形时要尽可能体现这个维度或动作所表达的含义，例如图 4-38 的图形代表了不同的水果。

图 4-38　将图形插入工作表充当形状

2. 将图形插入工作表充当背景

在第 2 章插入背景图片的平面定点图一节中对于商城布局的分析就应用到了将图形插入工作表充当背景的功能。对于此类图形的使用方式大多也都是在商城布局、货仓布局等场景中应用，如图 4-39 所示。

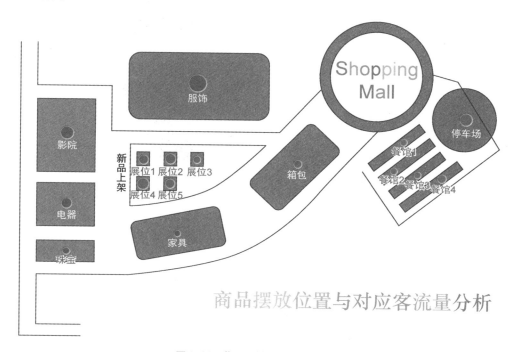

图 4-39　将图形插入工作表充当背景

3. 图形放置仪表板点缀可视化

在 Tableau 的仪表板配置界面，可以通过拖曳"图像"选项将我们准备好的图片添加到可视化中。选取恰当的图片放在合适的位置往往能给可视化增添很多意想不到的效果，如图 4-40 所示（需要特别注意不要滥用图片，或者为了图片而放弃数据可视化最重要的数据分析内容）。

图 4-40　图形放置仪表板点缀可视化

4. 将图形放置仪表板充当背景

目前版本的 Tableau 还无法制作背景是渐变色的可视化。如果想制作一个具有渐变色效果的仪表板，可以考虑将图形放置在仪表板中，其他工作表浮在该背景图形上的方式来制作，具体效果如图 4-41 所示（Tableau Desktop 2018.3 版本将工作表透明功能内置到 Tableau 中，这使得使用此方式制作的仪表板更加完美）。

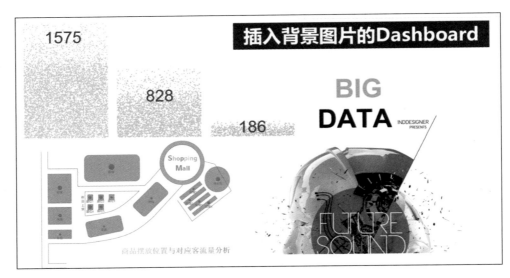

图 4-41　将图形放置仪表板充当背景

4.3.2　在 Tableau 中如何制作图片

使用 Tableau 制作图形的方法大致可以分为两种，一种是当图形有一定的规律，且该规律可以在 Tableau 中用计算公式写出，例如爱心图案等。我们知道图形实际上是由无数个像素点组成的，所以遇到不规则的图形时，在 Tableau 中也可以通过划分很细的矩阵方格，然后按图形样式调节方格颜色的方法制作。还有一种可以借助其他工具将图形导出矢量数据，然后 Tableau 通过连接该数据绘制图形样式。

4.4　选择合适的可视化图表

当我们准备好数据、确定了分析目标之后，还需要选择合适的展现方式来表达我们的数据。选择什么样的表达方式即选择用哪种类型的图表，在 Tableau 中对于图表的选用原则可以大致归纳为两个方面，首先要了解图表有哪些分类，每种图表代表了什么含义；其次是在制作这些图表的过程中需要注意的一些问题，具体如下。

4.4.1　图表有哪些分类

对常用的图表按照其用途大致可以分为以下几个类别，包括：组成成分类、KPI 考核预警、比较排序类、时间序列类、相关性分析类、频率分布类、地理或布局规划类、流程架构类以及知识图谱类等。

1. 组成成分

组成成分在日常分析中比较常见，它反映数据在整体中的分布情况，例如某个商品的销售额在整体商品销售额中的占比情况。对于此类分析，通常可以选用图 4-42 所示的图表来表达，包括：饼图（环图、多层饼图、径向树图）、径向图、树地图、柱形图、条形图等。

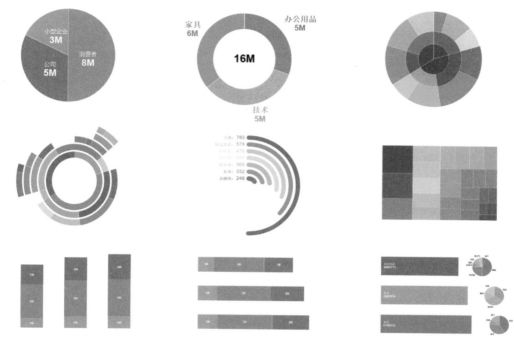

图4-42　组成成分

2. KPI考核预警

针对 KPI 类指标的考核与预警通常反映实际值与目标值的达成情况，或者某个指标落在哪个分数区间中。例如对于每个业务人员通常都会设定一个目标销售额，然后考核其实际销售额是否达标。对于此类分析，通常可以选用如图 4-43 所示的双轴柱形图、数据仪表盘、文本红绿灯图、甘特条形图、红绿灯条形图等。

图4-43　KPI考核预警

3. 比较排序

比较和排序是数据分析中常用的方法之一，例如对销售人员的业绩情况进行对比排名分析。

通常可以用如图 4-44 所示的柱形图、条形图、气泡图、热力图、文本图、排名堆叠图等表达该
类分析。

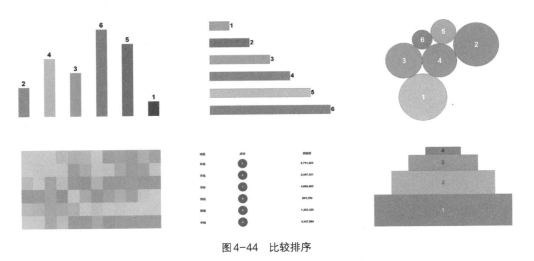

图 4-44　比较排序

4．时间序列

对于追踪时间趋势的分析也是比较常见的，例如销售额的增长率、利润预测等大都是对具体
指标随时间的趋势展开的分析。此类分析常用的表达方式有趋势线图、区域图、生命周期树图、
柱形图等，如图 4-45 所示。

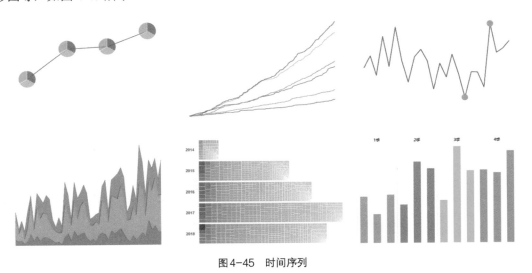

图 4-45　时间序列

5．相关性

大多看似没有联系的事物背后，往往也存在着某些必然的联系，比如沃尔玛的经典营销案例
"啤酒与尿布"。类似此类的分析场景还有很多，包括商品购物篮分析、员工能力考核分析等。分
析事物之间的相关性，可以选用的图表类型包括条形堆叠图、盒须图、购物篮图、哑铃图、散点
图、雷达图等，如图 4-46 所示。

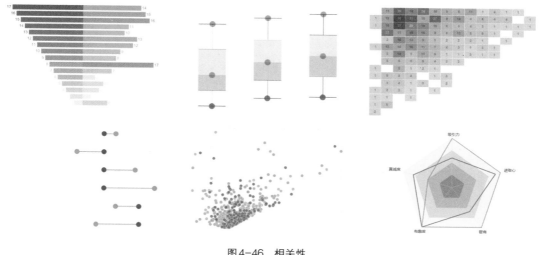

图4-46 相关性

6. 频率分布

关于对数据的频率分布最出名的分析是来自道尔顿板的小球落点分析，它是对数据出现频次的统计。常用的图表有直方图、条形图、折线图、区间散点图、帕累托图、玫瑰花图等，如图4-47所示。

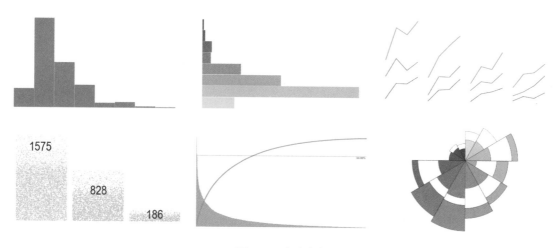

图4-47 频次分布

7. 地理或布局规划

对于商品的摆放位置、货仓的合理存储位置、产品地理分布等分析，反映了有关位置或地理信息的分布情况。对于此类分析常用的图形表达方式有商场布局图、轨迹地图、平面定点图、形状地图、填充地图、符号地图等，如图4-48所示。

8. 流程架构

对于企业的组织架构、移动信号的流向、指标的演算过程等分析常常会用到桑基图（能量桑基图、架构桑基图）、漏斗图、社交网络图、流程图等，如图4-49所示。

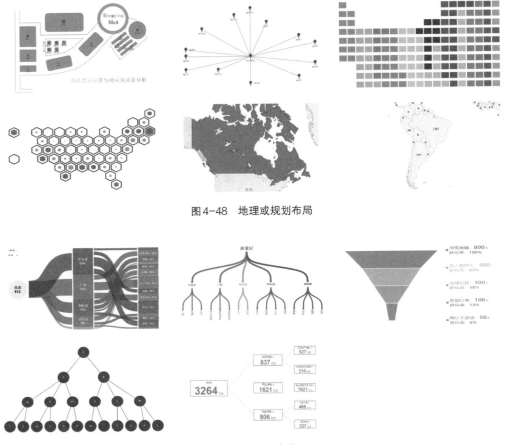

图 4-48   地理或规划布局

图 4-49   流程架构

9. 知识图谱

知识图谱又称为科学图谱，是一种知识领域的科学地图，它是能显示知识发展进程与结构关系的一系列各种不同的图形。知识图谱的前身是由万维网之父提出的语义网络，通常应用在智能决策分析、智能安全分析、智能全媒体服务分析等领域，具体样式如图 4-50 所示。

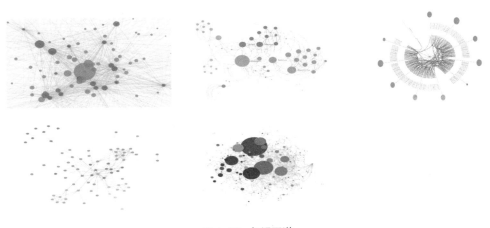

图 4-50   知识图谱

4.4.2　制作图表时需要考虑哪些问题

清楚了想要分析的目标之后，在制作图表的过程中，我们还需要考虑制作图表的难易程度、做出来的图表是否容易被受众理解以及图表的响应性能和各方面的扩展性能。

1．制作图表的难易程度

Tableau 内置了很多图形，只要双击或拖曳的字段满足创建这些图形的基本条件便可通过如图 4-51 所示的"智能显示"功能一键绘制。

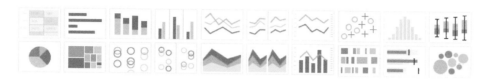

图 4-51　"智能显示"功能

还有一些图表在 Tableau 中通过这些基本图形的组合或者演变也可以很容易得实现，如图 4-52 所示。

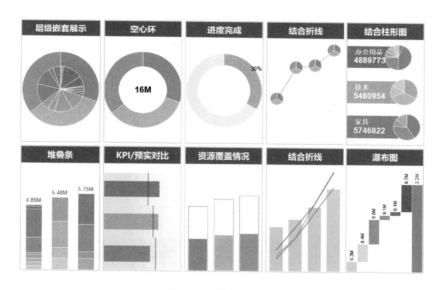

图 4-52　基本图形衍生

对于像第 2 章高阶图形里所介绍过的图表如图 4-53 所示，有的需要改变数据现有的结构，有的需要增添辅助数据、创建复杂的计算公式等。它们并非软件内置的基本图形，制作过程也会相对复杂一些。

在对图表的选用过程中，并不是制作步骤越复杂的图形就越好或者简单的图表就不具有说服力，还要综合考虑使用当前软件实现该图表的复杂程度以及对于数据结构等条件的限制。

2．图表的易读性

对于图表的选用需要考虑所选的图表是否通俗易懂，因为我们的最终目的是想通过数据可视化，让其他不具备数据文化素养的人或者数据文化素养不是非常专业的人也能很容易看出问题或者得出结论。很多数据分析师往往会陷入追求图表多样性的误区，创造很多千奇百怪的图形，当然追求创新是好事，但不可为了创新而使所做的图表让人难以理解。

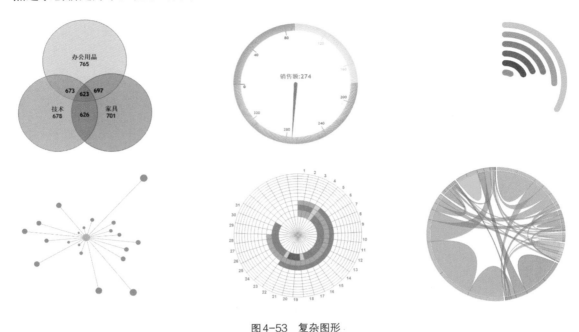

图 4-53　复杂图形

3. 图表的响应性能、扩展性能

图表的加载、查询、交互等性能的响应速度；做好的图表能否作为只更新数据或者增加筛选条件，就可扩展到其他时间段；分公司使用的模板也是我们在选择图表时，应该考量的重要因素。例如在我们要分析的数据量已经很庞大的情况下，是否忽略性能而只通过数据翻倍来制作一些图表？当我们多年的历史业务数据结构与想实现图表所需的数据结构不符时，或者想要实现的图表所需的数据结构并不是录入数据最方便的结构时，我们是否还要改变数据结构来实现该图表？诸如此类的问题都是我们需要在进行数据可视化图表制作之前需要慎重考虑的。

4.5　如何设计一个出色的可视化仪表板

仪表板是用来整合做好的工作表，从而使单独的工作表按一定的秩序组合起来来反映我们的分析内容。Tableau 中的仪表板更像是一个会动的数据画板，它将文字、图画、图表等元素融为一体，并且每个元素之间都可以进行一些逻辑简单或者复杂的互动。制作一个美观、简洁、适用又突出分析主题的可视化仪表板，可以参考以下几个方面的内容。

4.5.1　怎样为仪表板匹配多个终端预览设备

通过 Tableau 仪表板配置界面中的"设备预览"选项，可以将可视化的界面与查看可视化内容的终端设备进行匹配。例如若最终的可视化内容要在手机端查看，那么可以提前将可视化界面设置为电话预览模式。

很多企业不仅要在 PC 端查看可视化内容，更多的则是在平板电脑或手机端随时查看实时的报表。应用"设备预览"功能我们只需要做一个仪表板，然后为其添加多个不同的设备预览模式，最后将包含不同预览设备的单个仪表板打包文件发布到 Tableau Server 或 Tableau Online 上，即可在不同的终端设备上查看兼容显示的可视化内容。

4.5.2 仪表板界面的尺寸应该怎样设置

除了"设备预览"选项可以确定最终要呈现的仪表板尺寸，还可以通过"大小"选项进行设置。此选项包含 3 个内容分别为："固定大小"、"自动"以及"范围"。

"固定大小"模式除了附带一些内置的尺寸如 A4 外，还可以自由设置其尺寸。一旦选择了固定大小就意味着无论我们以何种终端设备查看可视化内容，画面的尺寸已经确认无法自动更改。在已经确认终端查看设备尺寸的前提下，可以考虑使用该模式来达到显示画面利用率的最大化和仪表板中对象布局的最佳匹配。目前 Tableau Desktop 2018.2 版本以上的仪表板界面的最大尺寸为（10000×10000），如需其他尺寸的设置可以通过更改底层打包文件工作簿中的尺寸上下限来实现，一般不建议更改，此更改非软件内置的操作功能。

"自动"模式意味着所做的可视化内容会根据终端查看设备的窗口尺寸自动伸缩。若终端设备屏幕尺寸大于制作可视化界面时的设备窗口尺寸，则实际内容可自适应拉伸铺满屏幕，反之则会将图表等内容压缩在一起导致某些信息无法正常显示。此模式适用于终端查看可视化仪表板设备的屏幕尺寸大于、等于或略小于制作设备屏幕尺寸的场景中（注意两个屏幕尺寸的长宽比例要相近，且尺寸不可相差过多）。

"范围"模式可以为仪表板界面的尺寸设置上限和下限。当我们设置好尺寸的范围以后，若想在终端设备上查看正常显示的可视化内容，只需要终端设备屏幕的尺寸在仪表板设置好的尺寸范围内即可。此模式适用的场景十分广泛，例如既想在台式机又想在笔记本设备端查看兼容显示的同一个可视化内容等。

4.5.3 梳理归纳放置在仪表板中的工作表

当我们在一个工作簿中做了多张工作表，并且想要整合不同的仪表板时，首先要确认放置在同一个仪表板界面的工作表有哪些，最好的做法便是为这些工作表打上不同的标记用以区分。为工作表打标记的方法有两种，一种是在给工作表命名时为同一个仪表板的内容键入相同的项目编号；另一种则是通过鼠标右键单击底部表标签中的工作表，为同一个仪表板的内容匹配相同的颜色标记。此操作不仅方便了仪表板的制作过程，而且时刻提醒我们整个仪表板的主题是什么，防止所做的仪表板不能集中体现分析目的。

4.5.4 设计合理的仪表板阅读模式

阅读模式即使用仪表板的人将如何查看仪表板的内容。大多数人的阅读习惯是从左到右、自上而下。当我们在计划仪表板的布局时，需要考虑应当以怎样的结构来引导用户按照我们设定好的逻辑来阅读仪表板的内容。确定阅读模式意味着确定每个工作表在仪表板中摆放的位置、所占的面积、交互关系等，常见的阅读模式包括：上 - 中 - 下、左 - 右、左 - 中 - 右等，相应示例如图 4-54 ～图 4-59 所示。

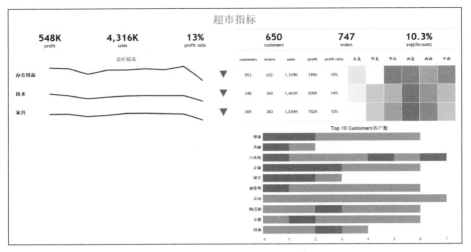

图4-54 上－中－下模式（1）

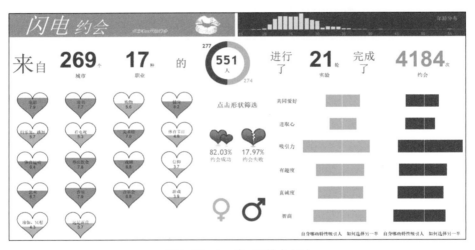

图4-55 上－中－下模式（2）

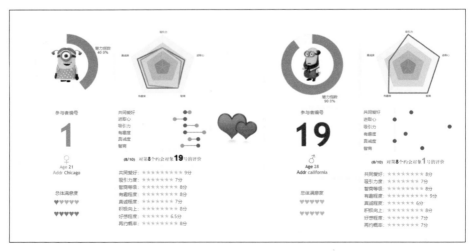

图4-56 左－右模式（1）

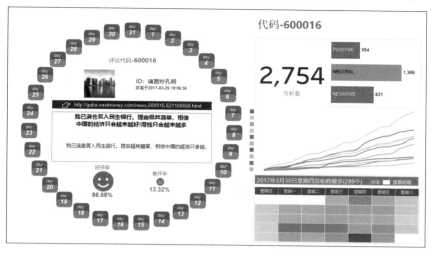

图4-57 左-右模式（2）

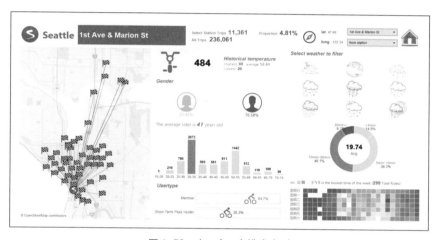

图4-58 左-中-右模式（1）

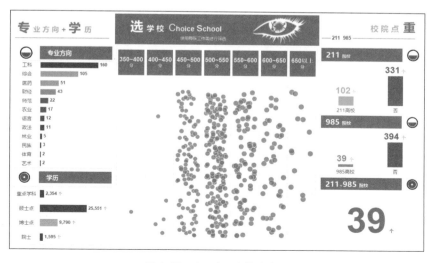

图4-59 左-中-右模式（2）

4.5.5   仪表板中的内容应该选择浮动还是平铺

我们可以将工作表、文本、图片、水平或垂直容器等元素放置在仪表板中，在放置之前首先需要确定这些元素的放置模式。在 Tableau 仪表板区域中放置这些元素的模式有"平铺"和"浮动"两种，"平铺"是指放置的内容会跟随仪表板中相应区域的尺寸及位置的变化而变化；"浮动"与"平铺"相反，需要手动调节大小和位置。这两种模式可单独使用，也可同时存在于同一个仪表板中，使用哪种模式需要根据实际想要实现的效果来决定。一般采用"固定大小"模式的仪表板为了方便布局可以考虑使用"浮动"模式，"自动"或"范围"模式建议使用"平铺"。

4.5.6   仪表板中布局容器的使用技巧

布局容器可以将需要放置在仪表板中的相关项目（工作表、对象中的元素）组合在一起，以便能快速放置这些元素并实现一些比较复杂的布局模式。当我们更改了容器内相应项目的大小和位置时，容器中的其他项目通常也会自动调整合适的比例及位置。

目前布局容器有两种类型，包括水平布局容器和垂直布局容器。水平布局容器可以调整其所包含的元素的宽度，垂直容器可以调整其所包含的元素的高度。两种布局容器具体作用的效果如图 4-60 和图 4-61 所示。

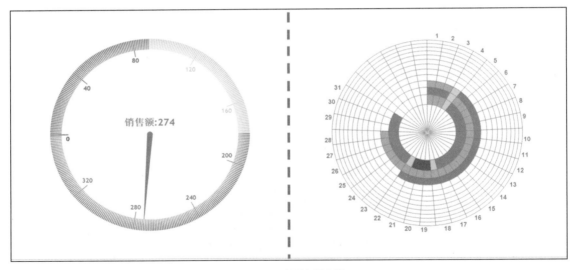

图 4-60   水平布局容器

对于同一个容器内需要设定同种尺寸规格的工作表或对象，可以通过选中该容器然后选择"均匀分布"来自动均分容器内的多个项目。一般选中某个容器的方法有 3 种，包括在"布局"界面的"项分层结构"中选择、右键单击需要选择的区域选择"选择布局容器"以及双击需要选中的布局容器。

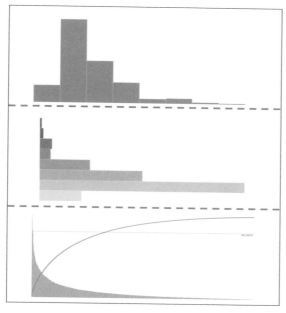

图 4-61 垂直布局容器

4.5.7 仪表板的最佳配色方案

仪表板的配色方案首先需要解决仪表板的主色调,主色调是指在整个仪表板界面中使用次数最多的颜色。确定主色调意味着确定仪表板界面的整体风格,从色彩上统一可视化的内容。选定了主色调之后其他配色方案的选择就变得相对容易一些(一般选取临近色或反差色)。图 4-62 是以黑色和天空蓝作为主色调的仪表板,图 4-63 是以白色和生命绿作为主色调的仪表板。

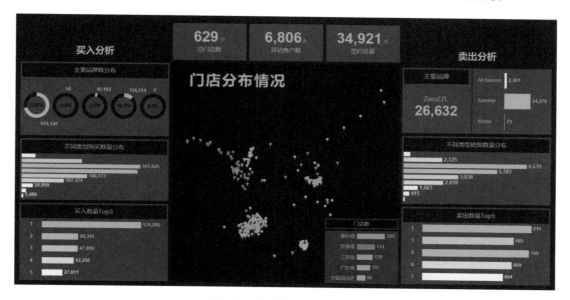

图 4-62 主色调:黑色和天空蓝

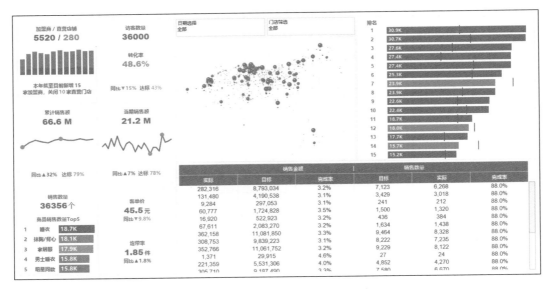

图4-63　主色调：白色和生命绿

4.5.8　仪表板需要注意的细节有哪些

完成一个仪表板后，往往需要从整体上修饰一些细节，包括图表的类型、配色、大小等方面是否与仪表板中的其他项目相融洽；字体的大小、样式和颜色是否选用合理；整个仪表板的布局是否看起来错落有序，详略得当；用以分割不同内容的边框线、布局装饰图片等元素是否使用妥当；仪表板中工作表之间的交互操作是否对应匹配并且使用是否便捷；各部分需要说明的颜色、动作等内容是否添加了相应的图例或说明等。通过对于上述所有仪表板细节的把控与完善，才能使得所做的可视化内容更加简洁、生动、直观并富有实际的应用价值。

精心设计的仪表板可以为实际的数据分析内容加分，甚至可以吸引原本对此分析内容不感兴趣的人阅读该内容。对于仪表板的设计除了参考以上内容，还需要在实际场景中多看多积累。虽然一千个人眼中有不止一千个哈姆雷特，但是近乎 80% 的人对于审美以及使用是否便捷的认知是相似的，所以在仪表板的设计过程中自身既是作者同样也是用户。

第5章　Tableau 思维大爆发

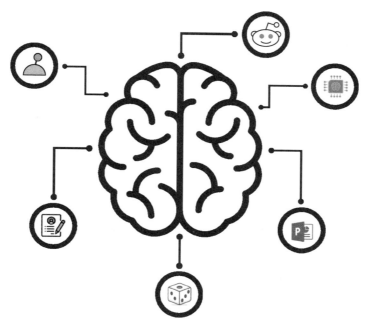

　　给你一支画笔你都会画些什么？假如给你的这支笔和神笔马良使用的那支能画出活物的笔一样，你又会画些什么？笔者曾经看过一组非常有意思的实验，它将成年人和小孩划分成两个组，分别让他们即兴作画，结果却出人意料甚至有点让人大跌眼镜。原本我们眼中更富有学识和见识的成年人竟然不知道该画什么，反而是小孩子们画出了千奇百怪的内容。

　　想来确实如此，成年人眼中的月亮无非是阴晴圆缺，而小孩子并不会墨守成规，或许在他们眼里月亮甚至都不该被叫作"月亮"。对于工具的使用也是如此，很多时候不是工具不能做，而是使用工具的人的思维限制了工具。

　　请别忘了我们是工具的主人，而非奴隶。

5.1　如何用Tableau制作大屏可视化

　　我们日常的生活和工作过程中接触的数据可视化报表，基本是在 PC 端或移动设备上呈现的。无论是 PC 还是移动设备，它们都有一个共同的特点就是屏幕尺寸小，能同时承载的内容较少。

随着数字化在人们工作生活中扮演的角色日趋重要，很多企业需要在更大面积的屏幕端投放数字报表，这也就是我们通常所说的大屏可视化。

对于大屏可视化，可能很多人首先想到的是用集成开发的方式去实现。当然这种方式比较灵活，想要什么样的效果都可以通过代码来控制，但这种方式在成本、技术的难度等方面的门槛相对较高，并且后期维护修改起来也相对比较麻烦，不利于数字化大屏快速迭代、灵活适应多种应用场景。那么为什么不考虑把在小屏端实现可视化报表的方式复用到大屏端呢？其实小屏端数据可视化的实现方式也完全适配大屏，图 5-1 就是用 Tableau 实现的大屏可视化示例。如果企业已经开始使用 Tableau，那么再用它去制作可视化大屏既节省了成本、降低了平台软件的复杂度，又符合大屏端可视化内容灵活多变的应用场景和界面样式。

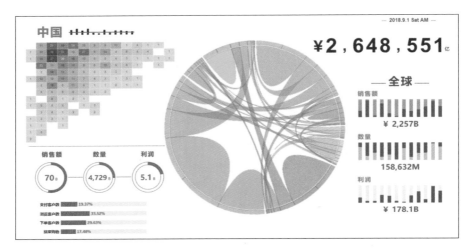

图 5-1　Tableau 大屏可视化示例

5.1.1　企业为什么要制作可视化大屏

数据可视化大屏在企业内部有很多实际的应用场景，比如在电力、交通等行业，大屏常用来做系统的调度与监控；在一些国企大屏通常用来给领导汇报企业的经营状况和业绩；在电商行业如淘宝、京东等，可视化大屏用来记录双 11 等盛大活动的实时和累计交易信息；在一些媒体和教育行业，可视化大屏通常用来启发大众在某些方面的认知，此时的可视化大屏往往具有一定的宣传教育意义；在金融、证券行业，可视化大屏可以用来投放股票等的走势情况。此外在企业内部，可视化报大屏也可以用于供参会人员共同观看和决策以及内部员工数据文化素养的培养等场景中。

5.1.2　大屏可视化实现架构

我们看到的可视化大屏，往往只是去关注最终屏幕里投影的内容，如果企业要实现大屏端的可视化投放，还需要有如图 5-2 所示的一套完整的体系作支撑。从前端各种信号的采集（包括从监控器传过来的视频、音频信号，控制主机和用户 PC 端以及手持移动设备端采集的画面、色彩、切换屏幕开关状态、选择屏幕投放内容等信号的综合）→经过视频矩阵系统和色彩矩阵系统的处理→传到大屏控制器→最终大屏电视墙才能将所需展现的信息呈现给用户。此处展示的是一个基础的大屏可视化实现架构，实际大屏的架构会根据企业自身所需的应用场景变得十分复杂。

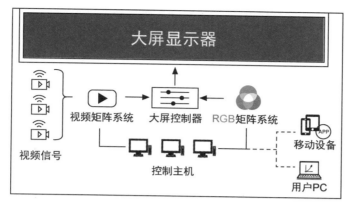

图5-2 大屏可视化实现架构

5.1.3 大屏可视化的制作步骤

1. 制作大屏可视化时界面大小选取自适应还是固定尺寸

Tableau 中可以选择自适应或者固定尺寸两种模式来制作可视化大屏（固定范围模式目前在可视化大屏的制作场景中很少见），这两种在具体可视化大屏实现过程中对应着不同的应用场景。

自适应一般在屏幕尺寸不是太大或者制作过程可以一直开启大屏显示器的情况下使用，并且如果有好几套跨度不是非常大的屏幕尺寸需要共用同一个可视化内容时，一般选择自适应的方式，这样做一个界面可以共用在多个屏幕上。

固定尺寸一般应用在需要脱离大屏的情况下也能正常制作可视化内容的场景中，或者需要添加 UI 设计的背景图片作为可视化大屏的底图时使用。

2. 大屏可视化界面的尺寸如何设置

Tableau Dekstop 10.5 以下版本软件尺寸上下限为 height×width=4000×4000，若屏幕实际尺寸大于这个值并想要采用固定大小制作可视化时，可以在程序包中更改尺寸的最大值和最小值。更改步骤如下：给需要设置尺寸的工作簿随意设置一个长宽→保存并关闭文件→鼠标右键单击该 Tableau 文件，单击"解包"，然后以"记事本"的方式打开文件→按住 <Ctrl>+<F> 搜索"size maxheight"进行修改具体要设置的尺寸，然后保存关闭→最后再用 Tableau 打开即可（注意一个工作簿中有多少个不同的仪表板，就需要依次更改多少个仪表板尺寸的数值），如图 5-3 所示。

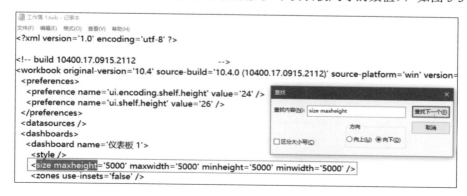

图5-3 底层界面尺寸更改设置

　　虽然此操作可以修改工作簿中仪表板的尺寸，但其并不是 Tableau 内置合规的操作。更改尺寸后，如果在仪表板调节工作表或对象的位置坐标 x、y 处调节浮动项目的位置，而需要调节到的位置不在正常尺寸范围内就会出现 bug，此时需要手动拖曳项目到合适的位置。Tableau Desktop 10.5 以上版本的软件尺寸上下限更改为 height×width=10000×10000 基本能够满足目前市面上的大屏可视化尺寸。如果需要固定大小的模式来制作可视化大屏建议升级到 10.5 以上的版本。

　　3. 大屏排版（阅读模式）如何设计

　　可视化大屏内容的层次结构要符合用户观看的行为习惯，一般分为"点头 Yes 式"（从上到下）、"180° 摇头 No 式"（从左到右）和"90° 摇头 No 式"（从中间到两边）3 种方式，分别如图 5-4、图 5-5 和图 5-6 所示。通常建议在开始制作可视化大屏之前，大致规划好可视化大屏的布局草图以及每部分区域的具体业务内容。待布局草图经讨论合理后再开始实际界面内容的制作，避免因排版问题引发的可视化界面达不到实际使用的要求。

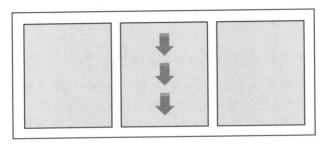

图5-4　"点头Yes式"

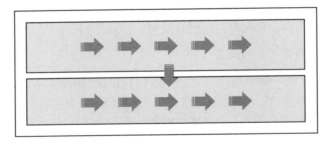

图5-5　"180° 摇头No式"

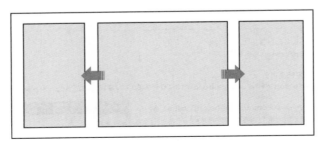

图5-6　"90° 摇头No式"

　　4. 大屏可视化界面如何配色

　　大屏可视化背景色的配色方案一般根据具体屏幕的硬件条件来决定。

对于如图 5-7 中存在拼接缝隙的大屏，通常选取深色背景（黑色或者深蓝色）在视觉上能降低缝隙带来的差的体验感。选用深色背景的可视化其他色彩的话，推荐一套作者比较常用的充满科技感的配色方案，如图 5-8 所示。

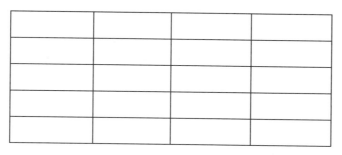

图5-7　存在拼接缝隙的大屏显示器

图5-8　深色背景中其他色彩的配色方案

对于如图 5-9 所示的屏幕缝隙很小或者无拼接缝隙的屏幕，可视化背景色的选用相对比较广泛，可以使用浅色背景。浅色背景的其他可视化内容的可用配色方案相对也较多，也可以参考之前"可视化色彩的搭配"一节中推荐的配色方案。

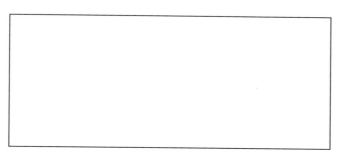

图5-9　不存在拼接缝隙的大屏显示器

5. 大屏可视化如何吸引观看者

大屏需要有亮点来吸引观看者，使观看者聚焦。通常大屏可视化吸引观看者的方式有两种，一种是设计一些比较酷炫的图表如地图、圆形图等；另一种则是制作一些动态效果来吸引观看者的眼球。

对于第一种：制作一些酷炫的图表，可以选用第 2 章 Tableau 高阶图形中介绍的复杂的图形，也可以使用 Tableau 内置的比较吸引人的基本图形来实现。此外还需要注意为需要吸引用户的图表设置合适的位置和图表尺寸。

对于第二种：制作一些动态效果，在 Tableau 中目前有 3 种实现方式，包括内置页面功能、嵌入 URL 网页和 Tableau 2018.2 版本中推出的 Tableau Extensions API 扩展功能。内置页面功能操作比较简单，只需要将所需动态播放的字段拖至"筛选器"区域上方的"页面"内即可如图 5-10

所示。该方法普遍适用于任何人，尤其是没有专业 IT 知识背景的业务人员；嵌入 URL 网页和扩展功能都需要借助 IT 资源用代码开发，然后通过仪表板界面导入如图 5-11 所示，采用该方法的动态效果可以自定义设置。

图5-10　页面功能实现动态效果　　　　　　　图5-11　扩展功能或嵌入 URL 实现动态效果

5.1.4　Tableau 大屏可视化的终端演示方案

一般 Tableau 配套的大屏可视化终端展示方式有 3 种，包括 Tableau Desktop + 数据库、Tableau Server + 数据库、集成 + Tableau Server + 数据库。3 种方式对应着不同的应用场景，如果想以最简便的呈现方式，可以直接在本地打开做好的大屏可视化将其投放在大屏上展示即可；如果想要更好的显示效果（在本地端展示目前视图底部始终有软件自带的显示条），可以将可视化方案上传到服务器，然后用浏览器窗口展示（无外网也可以使用服务器演示）以及加入集成开发的方式，更好、更灵活地控制演示效果。

5.1.5　Tableau 大屏可视化集锦

如图 5-12、图 5-13 和图 5-14 是作者用 Tableau 制作的部分大屏可视化的示例（数据均为作者自制，不涉及任何商业秘密），供读者们参考。使用 Tableau 来实现大屏可视化的内容是完全可行的，重要的还是在于上述大屏可视化制作步骤中对于可视化内容的设计和展现方面。

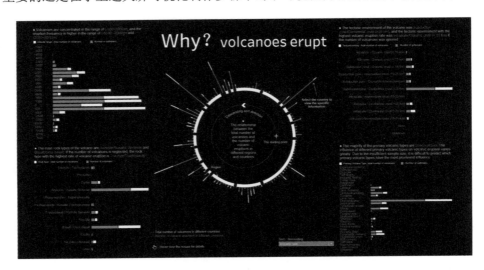

图5-12　大屏可视化示例1

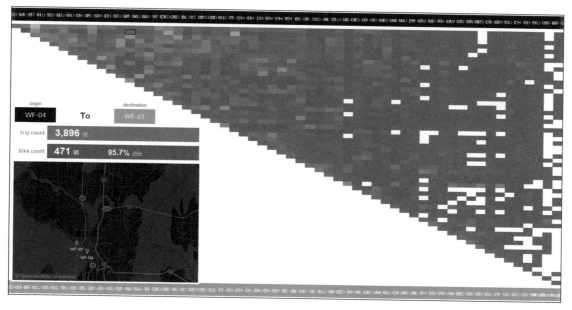

图5-13 大屏可视化示例2

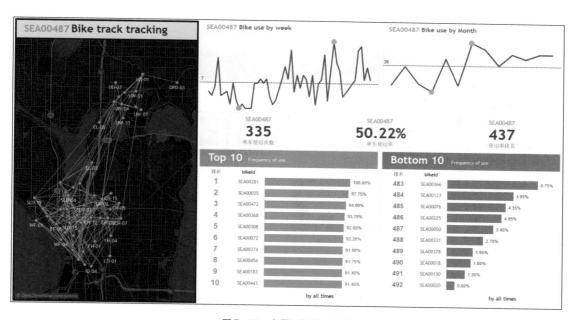

图5-14 大屏可视化示例3

5.2 如何用Tableau模拟企业的集成门户

大多数企业都有自己的 Portal，也就是企业内部集成的门户，如图 5-15 所示。企业的 Portal 是集办公软件、人员管理系统、事物记录、邮件订阅、报表系统等多个模块化功能为一体的产物。它不仅为员工在日常工作中所需登录的系统提供了统一的入口，也方便员工日常的学习、沟通和企业内部的管理等。有关企业门户的报表系统中又根据不同分公司、部门、人员以及不同报表的内容等进行归纳存放、权限查阅等，如图 5-16 所示。

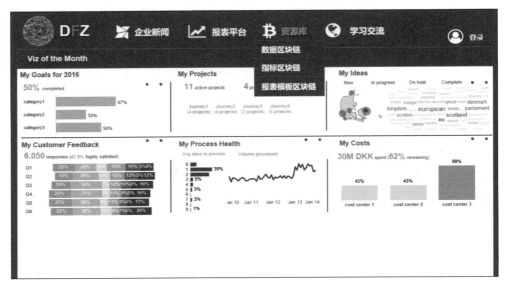

图5-15　企业门户

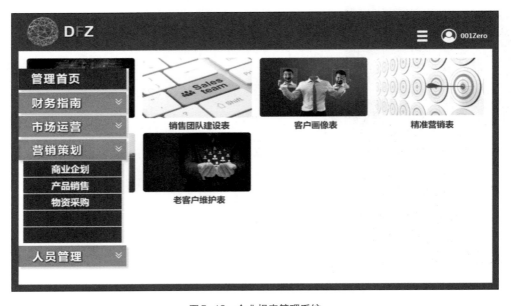

图5-16　企业报表管理系统

基于企业门户中有关报表管理系统的特性和优点，我们能否在 Tableau 中模拟一个分类管理众多报表的门户呢？答案当然是可行的，接下来简单介绍一下如何在 Tableau 中模拟出一个报表管理 Portal。

1. Tableau报表管理系统主菜单制作

首先需要按实际的报表内容给报表分一级目录，作为门户的主菜单，制作门户首页（需要特别注意这里的主菜单不能用文本制作，这是因为涉及跳转操作需要用工作表或者仪表板自带的跳转操作按钮来制作）。若 Tableau Desktop 的版本低于 Tableau Desktop 2018.3，菜单一般是通过将"记录数"字段拖入"文本"中编辑对应的菜单名，再将"标记"选项选择"文本"即可。Tableau 中自制模拟主菜单如图 5-17 所示。

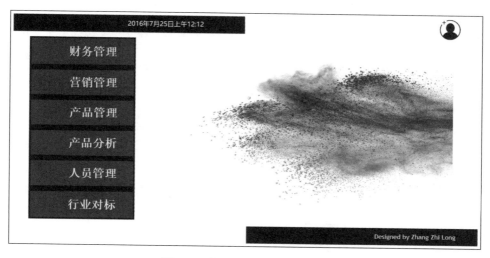

图5-17　模拟报表管理系统主菜单

2. Tableau 报表管理系统子菜单制作

如果报表有二级目录，按实际报表内容制作与主菜单各模块对应的子菜单栏，将其作为主菜单下的子菜单内容。另外需要注意，如果存在二级目录，那么一般一级菜单有几个分类在 Tableau 中就需要再做几个相应的中间界面，来模拟点击一级菜单后出现二级菜单的效果，如图 5-18 所示。

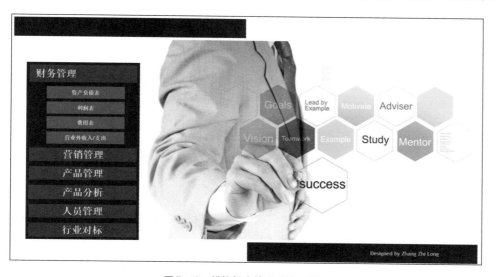

图5-18　模拟报表管理系统子菜单

3. Tableau 报表界面导航键制作

菜单制作好之后，需要在具体的报表界面上加上一些模拟导航键来切换页面。当然这些导航按钮也是通过工作表或仪表板自带的操作按钮来制作的，例如图 5-19 中返回主页的"Home"键，切换"上一页"或者"下一页"的按钮等，制作方法与制作菜单的方式类似。

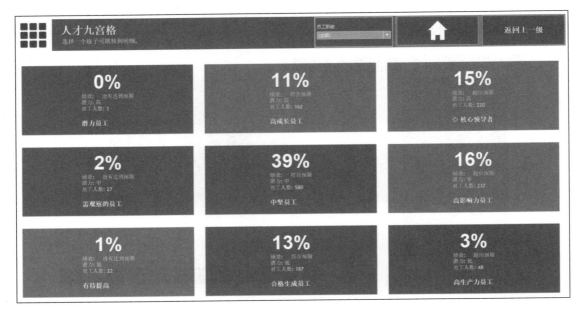

图 5-19　模拟报表管理系统导航键

4. Tableau 切换界面的操作设置

所有内容包括主菜单、二级菜单或更细层级的菜单以及所有菜单跳转效果的中间界面、所有的工作表或仪表板、每个仪表板上需要添加的导航键等都完善以后，再统一添加相应的跳转操作，关于跳转操作的添加方法可以参考第 3 章"如何应用操作功能"一节，该部分内容对于该功能有详细的介绍。

5. 测试 Tableau 模拟报表管理系统的跳转功能

最后测试每个界面跳转功能是否正常，测试方法是通过点击相应的菜单或者导航键看其是否跳转到相应的地址。

Tableau 模拟企业门户实际上是模拟了企业门户中报表系统这一个模块的内容。用 Tableau 模拟的门户也可以做到分类管理众多报表的用途，但它的灵活性、操作性以及性能等目前都远不如用代码开发的真实门户。此外在实际制作过程中最好先构思好所有的跳转逻辑再添加相应的操作，切勿做一个菜单或者导航键添加一个操作。

5.3　如何用 Tableau 制作数字化简历

到了毕业季或准备跳槽时大多数人都需要一份体面的简历来向企业的面试官推荐自己，有时候一份小小的简历甚至能决定你未来的几年甚至是几十年将怎样度过。随着数字化时代的到来，不远的未来数字化简历也终将代替以往的普通简历。一份好的简历在没有更好的选拔人才的制度问世之前，对于我们每个人来说都是至关重要的。通常我们制作简历的工具是 Word 和 PPT，但身为一个数据从业者在数字化时代的今天，为何不用 Tableau 来制作一份如图 5-20 和图 5-21 所示的数字化简历呢？

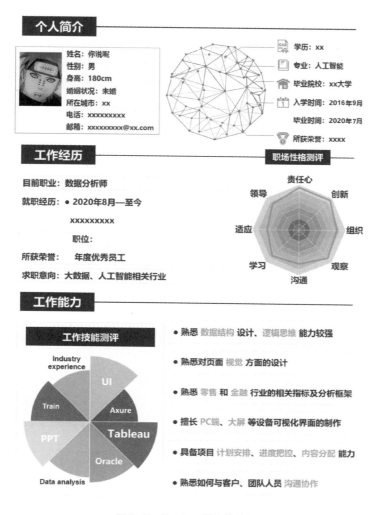

图5-20 Tableau数字化简历1

数字化简历的优点是将一些文字信息图形化，并且可以在简历中添加一些重要时间点和相关业绩方面的交互提示等内容。在 Tableau 中制作数字化简历的过程十分简单，具体如下。

1. 规划数字化简历大纲

首先需要确定简历需要展现的内容，此处以数据行业为示例。将整体简历内容分为 3 大模块，包括个人基础信息介绍、工作经历介绍、相关案例介绍（简历的内容根据自己的实际需求规划，本例仅供参考）。

2. 数字化简历素材准备

个人信息介绍模块需要准备本人的照片、一些小图标和为了美观效果制作信息网络图的数据等素材；工作经历模块需要准备职业测试评分数据用来制作雷达图、自身所掌握的技能熟练度数据用来做玫瑰花图和参与项目的数据用来做项目时长分布图；案例分享模块需要准备以往所做的一些具体案例的图片。（注：此处的信息网络图数据设计和制作方法可以参考第 2 章轨迹图的 3 种制作方法一节；雷达图、玫瑰花图也是第 2 章介绍过的对应内容，可以参考数据结构和制作方法）

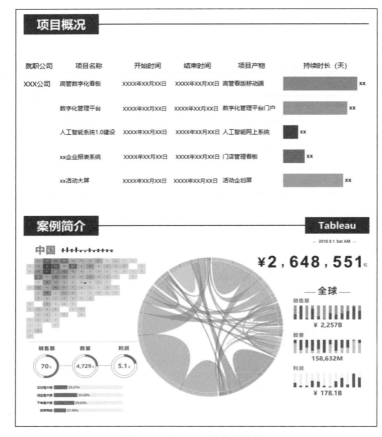

图 5-21   Tableau 数字化简历 2

3. 数字化简历界面设计

绘制好需要用 Tableau 制作的可视化图表（包括雷达图、玫瑰花图等）之后，接下来按下列步骤将所有的素材整合到仪表板内。

步骤 1：首先设定仪表板界面的大小，一般简历都是纵向 A4 纸的尺寸，所以在 Tableau 中将仪表板的尺寸设置为"固定大小"模式，并下拉选择 A4 尺寸。

步骤 2：为每块内容设置标题和分界线，来突出每块内容所占的区域。例如图 5-20 中最简单的划分方式：拖个文本框键入标题，然后再拖个浮动文本框拉长宽度，减小高度充当分割线，也可以用数据图表来绘制想要的分割样式。

步骤 3：向分割好的每部分区域中添加具体的内容。在这里和大家分享一些快速的制作技巧：除了一些特定的图表要用到数据在工作表界面制作，其他的内容均可在仪表板配置界面完成，例如个人信息介绍部分可以拖文本框键入具体信息，照片和案例分享部分可以直接拖图像进来调节合适的图像尺寸等。

4. 保存、共享数字化简历

通常如果是打开 Tableau 在本地端界面展示简历，那么可以在简历中添加一些交互操作；如果是想导出打印成纸质版，Tableau 提供将仪表板导出成 PDF 和图片等功能，可供我们下载或在网页端快速预览。

使用 Tableau 制作数字化简历还有一个特点是：可以将所有的简历版本保存在同一个 Tableau 打包工作簿（.twbx）格式的文件内，方便存储和阅读，同时我们也可以按照自己构思好的界面布局、色彩搭配以及元素组合等，快速便捷地将做好的简历仪表板换个样式或添加新的内容（若某些图片、文本或图表等内容是共用的，可以通过复制在 Tableau 中快速复用，这也体现了 Tableau 快捷操作这一特色），如图 5-22 所示。

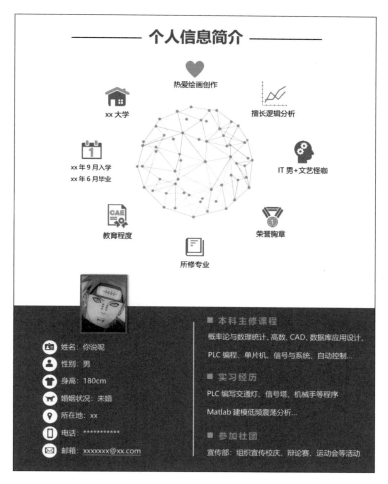

图5-22　数字化简历快速改版样式

Tableau 数字化简历在一些数据图表的制作上要比 Word 更加智能与便捷。同时 Tableau 所提供的仪表板配置界面的部分功能，在设计简历的布局方面也比 Word 更加方便，当然也可以结合 Tableau 和 Word 来制作数字化简历。

5.4　Tableau可以代替演示汇报的PPT吗

PPT 一般是用来介绍新产品、企业概况、技能培训等。好的 PPT 配合演讲者精彩的演说能够深深地打动在场聆听的每一位听众，商业上很多的决定往往都是在演讲 PPT 之后发生的，由此可见 PPT 的重要地位。一般 PPT 都是用 Microsoft 开发的 Powerpoint 制作的，有很多使用 Tableau 的人总会问，如何将 Tableau 的可视化报表嵌入 PPT 中？ Tableau Desktop 2018.3 版本之后已经可以自动将 Tableau 做好的可视化内容导入 PPT 中，但为什么我们不转化一下思维适当地选择用 Tableau 去实现 PPT 呢？目前 Tableau 的功能已经完全能制作一个能够媲美 PPT 的 Tableau 版 PPT，如图 5-23 到图 5-26 所示。

图 5-23　Tableau 版 PPT-01

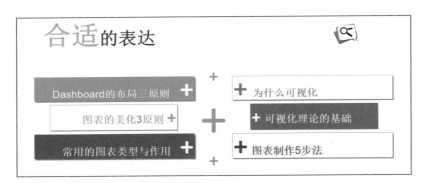

图 5-24　Tableau 版 PPT-02

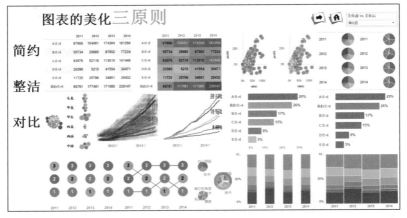

图 5-25　Tableau 版 PPT-03

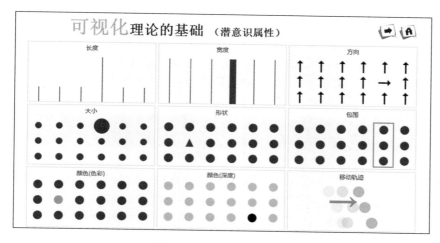

图 5-26　Tableau 版 PPT-04

用 Tableau 来制作模拟 PPT，首先需要清楚地认识 PPT 所具备的功能特点，下面列举了一些 Tableau 与 PPT 的功能对比。

1. 美观性与参考模板

好的 PPT 给人的感觉就像是一件艺术品，目前网络上已经有很多风格精美的 PPT 模板，并且还有很多人专门以制作 PPT 模板为生。Tableau 在数据界有数据画板的称号，熟悉 Tableau Public 的朋友可能知道，在 Public 的画廊里已经存放了大量的 Tableau 模板，而这些模板给人带来的视觉冲击力不亚于用 PPT 制作的内容，此外 Tableau Public 中的可视化模板对于全球用户是免费开放的。

2. 灵活性

制作 PPT 时可以轻松地添加图片、文本等内容，操作简单便捷。同样使用 Tableau 在实现模拟 PPT 的过程中也可以用仪表板配置功能轻松地实现与 PPT 同样的效果。

3. 交互性

PPT 的交互性是非常强大的，我们经常会看到有人在演讲的过程中来回走动，手里拿着一根演讲笔按一下就可以切换下一页或者播放一个动画等。其实 Tableau 的交互性也非常强大，在 Tableau 中可以通过参数或维度筛选器进行交互、也可以通过跳转操作来实现切换下一页的效果。

4. 动画效果

静态的页面加上一些恰到好处的动态效果会使人印象更加深刻。PPT 内置了很多制作动态效果的功能供使用者挑选，在目前版本的 Tableau 中也可以通过页面功能、Tableau Extensions API 扩展功能以及嵌入 URL 网页的方式轻松地添加动画效果。

5. 分享模式

PPT 可以导出保存成自己的 .ppt 或 .pptx 格式演示，也可导出成 PDF、视频、胶片等格式与他人分享。同样 Tableau 可以保存为自己的 .twb 或 .twbx 格式演示，也可导出成图片、PDF 等，还可以上传至服务器、云端来与他人共享。

基于上述的 5 个特性，用 Tableau 模拟 PPT 是完全可行的，虽然不能百分百地媲美 PPT，但作为一款数据分析软件已经十分强大了，况且未来是用数字形式展示，在演示过程中穿插具有说服力和交互效果的数据可视化会使整个演讲更令人信服。目前的办公 3 件套和类似的软件种类非常多，如果有一天只用 Tableau 的功能就可以做到办公软件想要的效果，那么既为企业节省了成本又统一了企业日常办公的软件平台，还能让企业内部的员工仅仅掌握一门 Tableau（希望未来我们自己的同类软件产品也能达到甚至超越国外的产品）技术即可完成日常工作的大部分内容。

5.5　如何为客户定制一个Tableau数据广告

当我们在街上行走或者打开电脑时，总会有一些强行植入的小广告来向我们推销各种各样的产品。作为受众，如果广告让你觉得不厌烦，那么这个广告就已经成功了一半，至于另一半广告需要在吸引眼球之后，尽可能地向人们阐述产品或其他关于产品本身的一些特点。目前产品的广告在阐述自身特点并使受众信服的方式通常是请一些权威人士或者明星代言，利用这些人自身的流量或者部分大众对其人品等的信服来推销产品。其实一款产品为什么好，好在哪里，与其他产品有什么不同，这些问题是需要用事实去阐述的，而这些事实其实就是对以往和当下数据的分析和罗列。想象一下当我们给一个脱发患者的电脑发送一份关于能刺激头皮重新长出头发的洗发水广告时，如果这份广告的内容是来自某个专业且权威的数字认证机构，对 XX 个脱发患者在使用了该洗发水后的 XX 天生出了头发、生发率达到了 XX% 这类数字化报告的基础上制作的数据广告，而不是街头巷尾突然出现的增发小广告。看到数据广告的人心里是不是会更加信任该广告所描述的产品呢？

使用 Tableau 如何去制作一份既精美又具有说服力的数据广告呢？下面以圣诞节商家向客户推销食品的广告为例。

1. 数字广告内容设计

设计数字广告想要展现的内容样式，此例是关于圣诞节推荐食品的广告，所以设计整体数字广告界面外形为礼物盒的形状，并配有圣诞老人的插图和反映具体食品的一些图片和数字图表等。

2. 素材准备

准备关于食品价格的数据（对结构没有过多要求）、具体食物的图片素材、圣诞老人及礼物背景图片素材。

3. 数字广告制作过程

步骤 1：为圣诞贺卡增添彩蛋。应用形状功能制作一张圣诞老人图表→再做一张显示"圣诞快乐"字样的图表→将两张图表放置在仪表板中通过操作关联（参考第 3 章如何应用操作功能一节）→操作设置为通过点击圣诞老人出现对应的"圣诞快乐"祝福语，不点时隐藏祝福语。彩蛋交互后的效果如图 5-27 所示。

图5-27　彩蛋交互效果

步骤 2：将数据导入 Tableau 中，制作具体的图表。食物图片通过形状插入（参考第 3 章如何应用形状功能一节）工作表、为每个食物添加工具提示可视化（参考第 3 章如何应用工具提示功能一节），具体效果如图 5-28 所示。

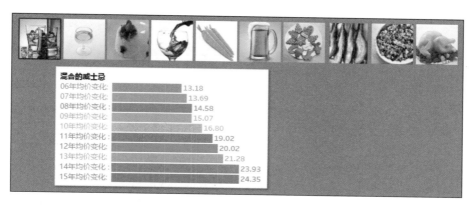

图5-28 数字广告部分界面

步骤 3：对于食物价格的对比分析图表使用了 Tableau 内置的"智能显示"中的树地图，可一键绘制。绘制好的圣诞食品推荐数字广告如图 5-29 所示。

图5-29 圣诞食品推荐Tableau数字广告

做好的圣诞贺卡可以通过邮件、导出成图片等方式分享给其他人。除了上述静态数字广告，也可以应用页面等功能制作一个动态的数字广告。如果做了动态数字广告但对方没有配套的

Tableau 产品来查看动态效果时，可以录制一段小视频再发送给他们。

Tableau 数字广告的制作方式同样也是对图表加基本功能的应用组合。在这个粘贴复制的"创意"时代，使用 Tableau 做一份别出心裁、有实际数据含义的数据广告也是一个非常不错的选择。

5.6　Tableau 中通过输入的内容自动生成图表

目前市面上已经有很多 APP 可以通过用户输入或者选择的内容自动生成一些图表和文字，Tableau 可以实现类似的效果吗？答案当然是肯定的，首先需要有数据（此处的数据结构只需一列维度字段即可），接下来想要做数据图表还缺少必要的度量值字段，在 Tableau 中由于参数可以键入值，那么所需的度量字段就可以通过参数进行创建。

下面以很多人在求职时企业会要求做一份 MAP 的职业性格测评为例，一般的测评模式是当我们选择完相应题目的选项之后，系统就会自动根据我们的选项模拟出相应的职业性格并给出具体的测评报告。在 Tableau 中模拟实现该过程的具体步骤如下。

步骤 1：所需的数据结构（模拟 15 道题，只需要一列题号 ID）如表 5-1 所示。

表5-1　　　　　　　　　　　　　　　　　　　　　**模拟题号数据**

ID				
1				
2				
3				
4				
5				
6				
7				
8				
9				
10				
11				
12				
13				
14				
15				

步骤 2：将数据导入 Tableau 中，并设置 15 道题的题目和答案，如图 5-30 到图 5-32 所示，所有题目和对应的答案都是在仪表板里用文本内容键入的。每题选项所对应的按钮如图 5-33 所示（一般选项为 A、B、C、D，在这里假设所有问题都是单选，创建 15 个参数作为对应题号的选项按钮），其余参数的内容与其一致，创建好参数后，右键单击显示参数控件并选择单值列表。

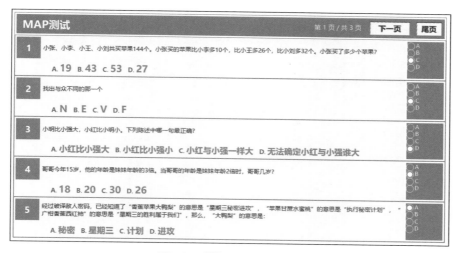

图 5-30　模拟 MAP 测试题 -01

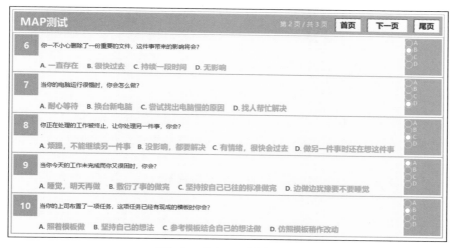

图 5-31　模拟 MAP 测试题 -02

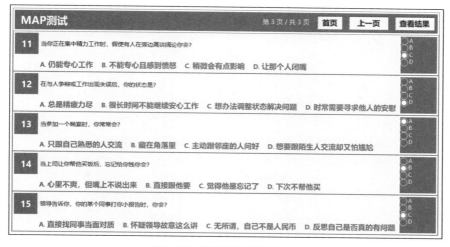

图 5-32　模拟 MAP 测试题 -03

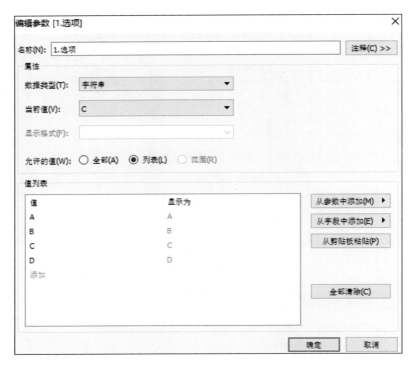

图5-33 选项按钮参数设置

步骤 3：为了尽可能模拟真实的网上测评系统，在测试题的每一页都标注了当前页 / 总页数，并且设置了方便导航到其他页面的按钮（按钮的导航动作用第 3 章介绍的如何应用操作功能一节实现）。

步骤 4：在 Tableau 中预先设计好最终想要实现的测评结果，本例想要实现的效果如图 5-34 和图 5-35 所示。

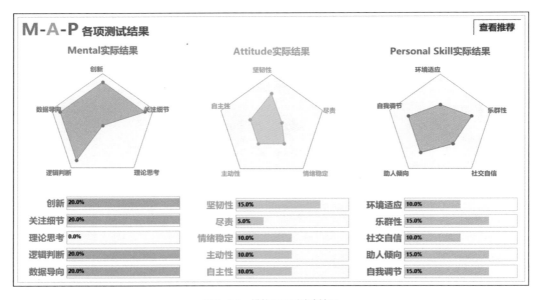

图5-34 模拟 MAP 测试结果

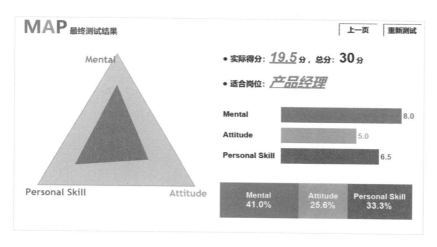

图5-35　模拟MAP最终测试结果

步骤 5：MAP 测试题的题目设置分了 3 个模块组成：M 全拼 Mental，代表脑力；A 全拼 Attitude，代表态度；P 全拼 Personal Skill，代表个人能力。实际上 MAP 测试是综合这 3 部分内容得出最后的结果。所以在本例设置题目时一共有 15 道题，第 1 道题～第 5 道题代表 M、第 6 道题～第 10 道题代表 A、第 11 道题～第 15 道题代表 P，创建一个"问题分类"字段用以区分题目类型，如图 5-36 所示。

共计 15 道题，每道题都代表了一个具体的考察方向，所以需要创建一个"问题小分类"字段用以区分问题的不同小分类（区分不同的问题类型及小类型是为了创建雷达图时当作维度使用），如图 5-37 所示。

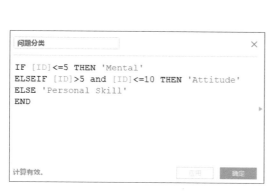

图5-36　"问题分类"字段内容

图5-37　"问题小分类"字段内容

步骤 6：MAP 各项测试结果界面的度量字段根据参数创建，这里以"Mental"得分计算字段的写法作为示例，其余项得分字段的处理方式与之类似。具体的写法如图 5-38 所示，分值根据实际情况设置（本例每道题满分 2 分，Mental 为是非题，正确得 2 分，错误 0 分；Attitude 和 Personal Skill 都是情景题，分值在 0 分～ 2 分之间分布）。这里核心的思想是将参数与每道题的 ID 关联起来并为 A、B、C、D 4 个选项匹配对应的得分，这样当我们在界面上选择不同的参数选项时，对应的得分字段就会自动匹配对应分值。

```
Mental                                                    ×

FLOAT(CASE [ID]
WHEN 1 THEN CASE [1.选项] WHEN 'C' THEN 2 ELSE 0 END
WHEN 2 THEN CASE [2.选项] WHEN 'C' THEN 2 ELSE 0 END
WHEN 3 THEN CASE [3.选项] WHEN 'D' THEN 2 ELSE 0 END
WHEN 4 THEN CASE [4.选项] WHEN 'B' THEN 2 ELSE 0 END
WHEN 5 THEN CASE [5.选项] WHEN 'D' THEN 2 ELSE 0 END
END)




计算有效.                          6 依赖项 ▾    应用      确定
```

图 5-38　各项测试结果得分字段

　　步骤 7：测试结果中的雷达图，参考第 2 章中雷达图的 3 种制作方法一节绘制，条形图、文本图都是基本图形可以直接拖字段得到。注意测评结果界面还有一个"适合岗位"的推荐，需要特别说明一下，适合岗位的推荐是专门模拟了一个"适合职位"的字段，如图 5-39 所示。该字段的目的是当测试者做完一整套问题时，根据每道题对应分类的得分区间设置分值判断，并模拟推荐出相应的 6 个职位作为结果反馈给测试者。这一点与目前市面上很多程序，通过点选就能推荐我们一些结果的原理类似，虽然看起来十分智能，但其实是后台工作者已经把结果集写好了，等着你的测试结果落在哪个分值区间内就为你匹配相应区间的结果。当然未来的 AI 会让机器自动组合符合逻辑并且具有实际价值的结果集，从而取代烦琐且容易出错的手动设置。

图 5-39　"适合职位"字段内容

本例属于在事先没有实际指标值（度量字段）的情况下，通过在 Tableau 中自定义算法，然后充分利用参数能够键入值的特性与数据做联动，模拟实现根据用户输入或选择的不同内容自动生成对应图表和结论的功能。让我们无须借助 Python 等建模工具，就能够在 Tableau 中做一些简单问题的模型搭建。本例只是模拟了一套测试题的简单算法，实际的业务场景中也可以基于未来的一列日期字段，做新产品投放市场后带来的收入预测等对企业实际运营有帮助的 Tableau 自定义算法可视化。

5.7 使用Tableau解决实际生活中的问题

工具是为我们在现实生活中解决实际的问题而诞生的，Tableau 也是一种工具，虽然它不像筷子、剪刀等实体工具，但它同样也能解决生活和工作中的一些问题。例如现实生活中有很多关于抽奖的活动，包括彩票、商业活动、企业年会抽奖等。提到抽奖就必然有与之对应的抽奖流程、抽奖规则，那么我们也可以基于参与抽奖的人员信息、奖品信息和抽奖的流程，用 Tableau 来解决抽奖这个现实生活中经常会遇到的问题。

在 Tableau 中关于该问题有多种解决办法，下面简单介绍两种，一种是模拟动态飞盘抽奖，另一种则是依次抽奖、去重、中奖人员公示。

1. 模拟动态飞盘抽奖

制作过程中首先要考虑的是抽奖的具体规则，我们知道抽奖活动有一种是存在"潜规则"的，即一开始就内定了中奖人，还有一种是正常的随机抽取中奖人员。本例拟定后一种抽奖模式，且已经中奖的人可继续参与下一轮抽奖。具体的操作步骤如下。

步骤 1：所需数据结构如表 5-2（只显示部分数据）和表 5-3 所示。

表5-2   **模拟抽奖人员名单**

ID	姓　名	联系方式	所属企业
1	A1	187****3433	XX 有限公司
2	A2	187****3434	XX 有限公司
3	A3	187****3435	XX 有限公司
4	A4	187****3436	XX 有限公司
5	A5	187****3437	XX 有限公司

表5-3   **模拟奖品信息**

ID	奖品等级	奖品个数	奖　品
1	一等奖	1	跑车
2	二等奖	2	环球旅游
3	三等奖	5	人民币20万元

步骤 2：将表 5-2 和表 5-3 分别导入 Tableau 中，对于表 5-2 中的数据在 Tableau 创建类似抽奖的飞盘图，具体的创建方法可以参考第 2 章平面定点图的 3 种制作方法一节。抽奖飞盘做好之后，

再创建一个抽奖人员信息文本表用来描述参与抽奖人员的个人基本信息。这两张表都将人员编号"ID"字段拖至"页面"功能区中，让其随着播放按钮动态滚动来模拟抽奖飞盘转动的效果。

步骤 3：对于表 5-3 中的数据在 Tableau 中创建有关记录奖品等级和个数的柱形图，再创建一个奖品等级参数用来示意当前环节抽的是几等奖。

步骤 4：最后将步骤 2 和步骤 3 中做好的工作表放置在同一个仪表板容器内用来解决抽奖问题，如图 5-40 所示。再创建几个开奖的仪表板，在该仪表板内放置具体奖品的图片和奖项说明，如图 5-41 至图 5-43 所示。抽奖界面与开奖界面之间通过跳转操作关联，具体实现方法可以参考第 3 章如何应用操作功能一节。

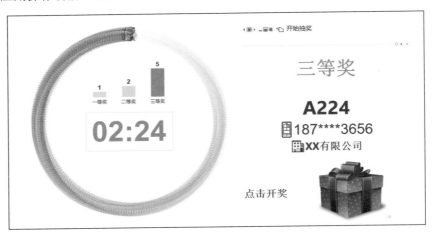

图5-40　抽奖界面

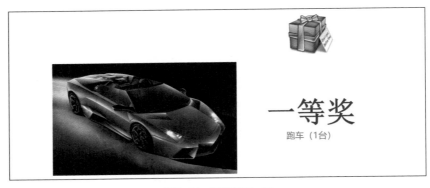

图5-41　开奖界面-01

图5-42　开奖界面-02

图5-43　开奖界面-03

2. 依次抽奖、去重、中奖人员公示

这种方式充分考虑了抽奖环节中的各种问题，很早以前抽奖是将打好标记的卡片放入一个不透明的抽奖箱中，参与抽奖的人员依次从抽奖箱中抽取卡片，通过卡片上的标记核对是否中奖，奖品是什么？在这个过程中通常会将已经中奖的人从参与抽奖的样本数据中剔除，并且如果奖项很多时，为了避免记错、漏记中奖人员以及具体的奖品分配情况会有专门的记录人员记录中奖人员名单等。所以与之对应的在 Tableau 中，我们需要解决的问题是依次抽奖和公示中奖人员信息、已中奖的人不得参与下一次抽奖以及抽奖过程中记录中奖人信息和对应奖品。具体实现步骤如下。

步骤 1：所需数据结构如表 5-4（只显示部分数据）所示。

表5-4　　　　　　　　　　　　　　　　模拟抽奖人员名单

公　　司	姓　　名		
xxx1	1xx		
xxx2	2xx		
xxx3	3xx		
xxx4	4xx		
xxx5	5xx		

步骤 2：将表 5-4 导入 Tableau 中，为了实现抽奖的公平性需要将所有参与抽奖的人员自由分散排布，本例使用类似散点图的方式。熟悉 Tableau 的人知道散点图一般是通过两个及以上的度量字段和一个及以上的维度字段创建的，本例的数据结构中只存在维度字段，那么该如何实现随机分布的人员散点图呢？为了实现该想法，首先需要创建两个随机分布的字段"x-random"字段和"y-random"字段，如图 5-44 和图 5-45 所示。

图5-44　"x-random"字段内容

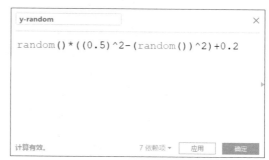

图5-45　"y-random"字段内容

步骤 3：将 "x-random" 字段和 "y-random" 字段分别拖至 "列" 和 "行" 中，标记选择 "形状" 并将 "姓名" 字段拖至 "形状" 中匹配合适的图形。将 "公司" 字段拖至 "详细信息" 中即可得到随机分布的抽奖人员散点图。

步骤 4：接下来需要创建一个显示中奖人员信息的公示文本表，只需要将标记选择 "文本" 并将 "姓名" 字段和 "公司" 字段拖至 "文本" 中即可。该表与步骤 3 中创建的表之间有交互操作（参考第 3 章如何应用操作功能一节），通过选择步骤 3 表中的人员才显示相应的中奖人员信息，未选择时显示其他提示信息。

步骤 5：最后需要解决去重和显示中奖清单的问题。解决这两个问题都需要用到 Tableau 中集的相应功能，因为目前只有集有类似选中某个元素即可添加并保存数据的功能。对于该集的创建并非一般在 Tableau 中创建集的方式，它是通过选中散点图中的某个元素然后创建的活动集。对于去重问题本例有双重保障，一是复制了一个随机分布的抽奖人员散点图并通过集内和集外的成员标识出中奖人员；二是通过集自身无法容纳两个相同元素的特征自动规避重复的信息。对于显示中奖清单的核心问题也是通过将集放置在 "筛选器" 区域中来实现的，并且抽奖的奖品数是有限制的，也就是说中奖人员的个数是确定的（本例是 9 人，其中三等奖 5 人、二等奖 3 人、一等奖 1 人），也可以通过对 "筛选器" 区域中的集设置人员个数小于或等于 9 的条件来限制。最后一般抽奖是依次从三等奖开始抽到最终的一等奖，也就是说奖品的次序是固定的，那么就可以按照既定的顺序创建一个显示几等奖的字段补充标明中奖清单和奖品数量等信息。最终的仪表板如图 5-46 所示。

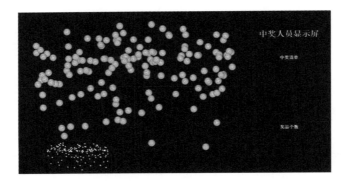

图5-46 未抽奖前的界面

当我们通过选择图中代表人员信息的圆点，并将中奖人员添加到活动集后的界面，如图 5-47 所示。

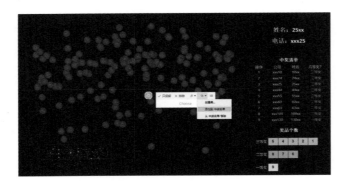

图5-47 抽奖后的界面

　　类似地使用 Tableau 能解决生活中很多有既定流程和相关数据的问题，这个解决现实问题的过程同样也是对数据分析人员逻辑思考能力、思维的全面性、创新能力和对工具掌握情况的一种锻炼。

5.8　用Tableau进行产品设计

　　在我们准备研发一款产品之前往往都需要设计该产品的原型。原型模拟了实体产品的一些交互效果和功能特性。一般在 Web 或 APP 的开发项目中常用 Axure 来设计产品的原型，Axure 的操作比较简便灵活并且交互功能及画面效果十分强大。基于 Tableau 对数据的交互能力以及界面的可视化效果，也可以考虑用 Tableau 来实现部分产品的模拟原型设计。以下就是用 Tableau 来模拟设计电脑操作系统的部分功能，设计效果如图 5-48 ～图 5-56 所示。

　　1. 初始界面

　　该界面是通过第 3 章和第 4 章中介绍的一些功能的集合，包括形状的应用、可视化仪表板设计的应用、图片的应用等。

图5-48　初始界面

　　2. 开始菜单功能（主要针对操作和形状功能的应用）

图5-49　弹出开始菜单界面

3. 记事本功能（主要针对操作、图表美化方面功能的应用）

图5-50　弹出记事本界面

4. 时间日历功能（主要针对操作、日历工作表功能的应用）

图5-51　弹出日历界面

5. 新消息通知功能（主要针对操作、形状、拼接表功能的应用）

图5-52　弹出新消息界面

6. 文件夹功能（主要针对操作、工作表美化功能的应用）

图5-53 弹出文件夹界面

7. APP或程序登录功能（主要针对操作、工作表美化功能的应用）

图5-54 弹出APP或程序登录界面

8. 浏览器功能（URL网页功能应用）

图5-55 弹出网页界面

9. Tableau 在线编辑功能（URL 网页、Tableau 在线编辑功能）

图 5-56　弹出在线编辑版 Tableau 界面

以上就是在 Tableau 中模拟设计电脑系统部分功能的示例。可以看到用 Tableau 设计的电脑操作界面还原度还是很高的，并且应用 Tableau 跳转操作的功能，对电脑系统的一些交互操作也可以进行很好的模拟。在某些方面上甚至可以媲美专业的产品设计软件比如 Axure。使用 Tableau 设计一些程序开发产品，实际上也是对 Tableau 在视觉和灵活交互方面的突出应用。

5.9　如何用 Tableau 实现有趣的小游戏

玩是人类的天性，曾经就有一位建模专家放下手中的模型，用 Python 开发了一款效果十分不错的游戏。其实很多软件都可以拿来做一些有趣的小游戏，下面就介绍一款用 Tableau 制作的数据分析界的小游戏"追爱迷宫"，如图 5-57 所示。

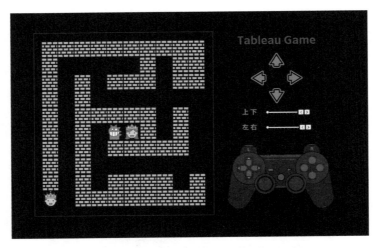

图 5-57　Tableau 小游戏"追爱迷宫"

"追爱迷宫"描述的是一个经典、烂俗却又励志的爱情故事：公主被囚禁在迷宫中，王子可以通过右边的方向按钮在整座迷宫里进行移动，若王子打败怪物救出公主即可成功追爱。在 Tableau 中制作该游戏的具体步骤如下。

步骤 1：准备数据（因为最终要实现的迷宫是不超过 10×10 的矩阵，所以数据结构只有一列从 1 到 100 的 ID 编号字段）。

步骤 2：将数据导入 Tableau 中，参考第 2 章平面定点图的 3 种制作方法一节中的思路，创建如图 5-58 和图 5-59 所示的 "X" 字段和 "Y" 字段来将维度 "ID" 字段划分成 10×10 的点阵。

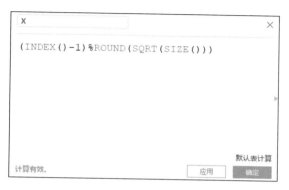

图5-58　"X"字段内容

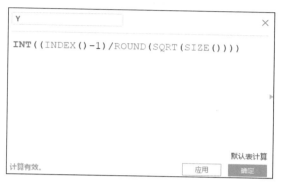

图5-59　"Y"字段内容

步骤 3：创建的 "X" 和 "Y" 字段用来充当迷宫的背景，为了模拟王子在迷宫中移动的效果需要创建两个方向参数，分别为代表 X 的位移与代表 Y 的位移，参数的内容一致，都是从 1～10 的整数，具体设置如图 5-60 所示。

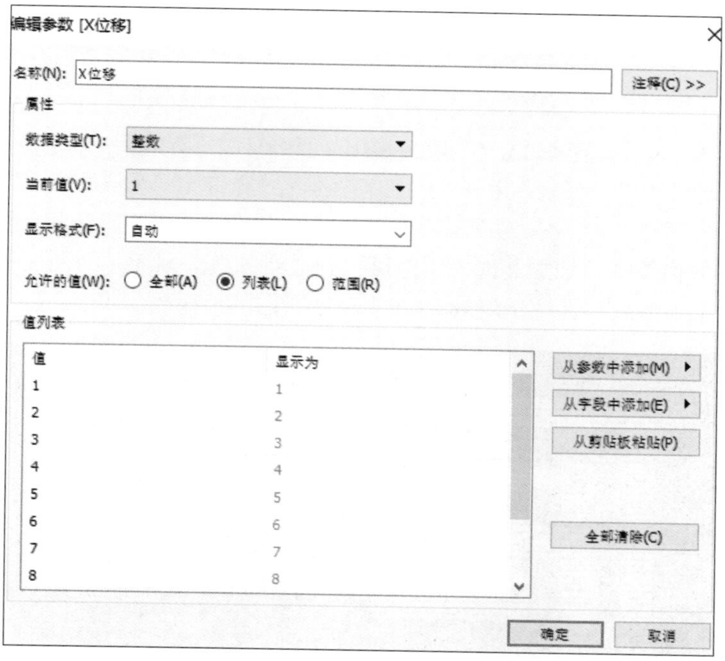

图5-60　移动参数设置

步骤 4：分别创建两个匹配王子上下和左右移动的字段，如图 5-61 和图 5-62 所示。

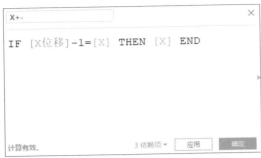

图5-61　"X+-"字段内容

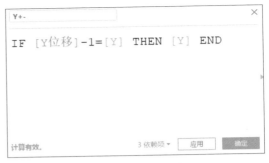

图5-62　"Y+-"字段内容

步骤 5：接下来需要规定游戏的玩法，包括墙、路、怪物等事物的创建，为此需要创建一个"游戏规则"字段，如图 5-63 所示。

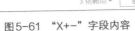

图5-63　"游戏规则"字段内容

步骤 6：最后将"X"字段和"Y"字段分别拖至"列"与"行"上→标记选择"形状"→"游戏规则"字段拖至标记卡的"形状"中→"ID"字段拖至"详细信息"→"X"、"Y"和"游戏规则"字段的计算依据选择"ID"字段→为"游戏规则"字段中的每个事物匹配相应的形状图片→将工作表放置仪表板中并调整细节增加其他元素即可得到最终的游戏画面，如图 5-57 所示。

步骤 7：最后单击参数控件测试游戏，如图 5-64 ～图 5-67 所示。

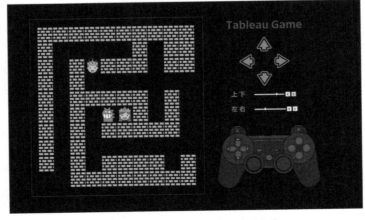

图5-64　王子在迷宫中开启了追爱之旅

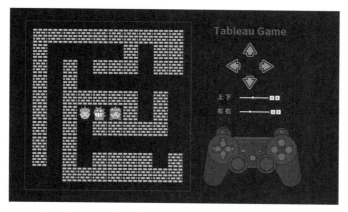

图5-65　王子遇到了怪物，怪物诱惑他："跟我在一起吧"

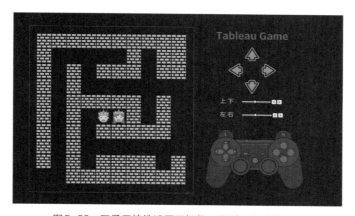

图5-66　王子无情地消灭了怪物，见到了心爱的公主

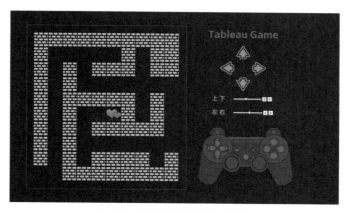

图5-67　王子和公主在一起啦

　　在 Tableau 中可以制作的小游戏种类还有很多，包括扫雷、贪吃蛇、俄罗斯方块、五子棋、象棋等等。虽然小游戏的内容与数据分析没有太大关联，但这并不意味着所做的努力没有任何意义。作为一名出色的数据分析人员要具备完善的逻辑思维能力，正如此文中在设计游戏过程中对全局框架的把控一般。此外将数据分析软件应用在其他方面，敢于打破常规、跨界创新也是一名出色的分析师必备的能力之一。

附录

附录是关于 Tableau Desktop 的成长路线图，图中黑色部分是作者近几年在 Tableau 方面的学习和成长轨迹，绿色部分是建议初学者的成长路线。只有前期充分地了解和掌握 Tableau 的基础应用功能，才能在后期的实战中不断挖掘更为复杂的嵌套逻辑计算和功能点的多重组合应用。大多数初学者和已经使用了一两年 Tableau 的人都会经历从对软件的好奇→掌握基础功能→觉得软件太简单、能做的东西很局限→转向其他分析工具这样的路线，其实 Tableau 的功能并非十分简单，随着使用的不断深入你会发现它原来可以做到更多、更灵活、更令人惊讶的东西，千万不能小瞧别人已经进化了十多年的工具，我们也更需要借助先进的工具快速学习和搭建数据文化，而后发展和形成我们自己的工具来推动数据时代的建设。希望作者的成长轨迹能帮助想要了解和打算从事 Tableau 方面工作的读者快速、高效地掌握 Tableau 软件的应用，然后将更多的时间和精力花费在实际业务的分析方式以及可视化 UI 和交互设计方面。

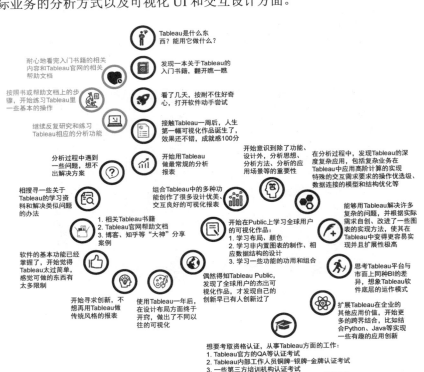